환경공학 실험실습

고재철 저

도서출판 GS인터비전

머리말

본 교재는 환경공학분야 기술자들이 수행하고 있는 실험실습 및 분야별 기본 연구방법론을 총괄적으로 정리하고 있습니다. 환경공학을 공부하고자 하는 사람들이 두루 활용할 수 있도록 기획하게 되었으며, 대학교, 대학원 및 현장에 종사하는 실무자 들이 주요 독자층이 될 것으로 예상됩니다.

그동안 환경공학 전공분야에서는 대기분야, 수질분야, 폐기물분야로 구분하여 수많은 도서들이 출판되었습니다. 각 분야별로 너무 방대한 양을 다루고 있기 때문에 여건에 따라 다양한 선택성이 있었으나, 대학에서는 한 학기 강의내용으로 모든 실험을 한다는 것은 현실적으로 어려운 상황이며 교수자 및 학생들에게 많은 부담을 주는 것으로 판단됩니다.

이에 국가직무능력표준(NCS)이 보편화되고 있는 시점에서 학생들에게 핵심내용을 충분히 전달할 수 있는 방안을 고려하였고, 환경공학분야를 총망라할 수 있는 핵심실험실습을 기초에서 심화내용까지 다루고자 하였습니다.

대학 및 사업장에서 고가의 분석기기가 아니더라도 손쉽게 환경적인 분석이 가능한 항목을 우선적으로 고려하였으며, 특히 교육과정의 개편으로 대학마다 실험실습과목이 축소되는 시점에서 한 학기에 환경공학 전 분야에 대한 핵심적인 실험을 수행할 수 있도록 구성하고자 하였습니다.

환경공학을 공부하면서 모든 실험을 수행할 수 없는 것이 현실임을 감안할 때 본 교재의 내용이 환경공학실험의 밑거름이 될 수 있도록 고민하였고, 환경분야 자격시험의 작업형 실험을 수행함에 부족함이 없도록 실무적인 내용을 다루고자 하였습니다. 환경공학도들이 실험에 대한 부담감 없이 접근할 수 있도록 각 장별로 실험방법에 따라 그 구성방법을 달리한 부분도 있으니 독자 여러분의 양해를 바랍니다.

거듭된 노력으로 세심한 검토를 하였으나 적지 않은 오류가 발견될 것으로 생각되며, 본 교재를 이용하면서 오류와 의문사항 및 발전적인 의견을 주시면 감사히 반영하도록 하겠습니다.

본 교재를 출판하는데 도움주신 관계자 분들에게 감사드리며, 환경공학 전공자를 비롯한 독자 여러분의 아낌없는 성원과 질책을 부탁드립니다. 이 책의 출판을 맡아 협조하여 주신 출판사 송기수 대표님과 직원 여러분께 사의를 표합니다.

저자 씀

목차

Chapter 1 실험실안전

실험실 안전방법은 연구자가 실험실에서 안전하게 작업하기 위해 지켜야 할 일반적인 안전규칙, 안전장치 및 사고 시 대처 요령을 규정한다.

실험실 안전은 지속적인 관심과 노력을 필요로 하며, 실험실에서 안전하게 작업하기를 원한다면 사용하는 기계·기구 약품 등의 안전과 보건에 관한 사항들을 잘 알고 있어야 한다. 또한 자신과 실험실 동료의 안전을 위해 나의 책임이 무엇이며 내가 할 일이 무엇인가를 아는 것도 중요하다.

1.1 실험실 안전기초

1 안전한 실험

- 위험성을 가진 작업을 할 때는 적절한 보호구를 착용한다.(실험복, 보안경, 보안면, 안전장갑, 안전화, 보호의 등)
- 위험, 유독, 휘발성 있는 화학약품은 후드 내에서 사용한다.
- 실험실에서 문제가 발생되었을 때 연락할 수 있도록 연구 (실험)책임자의 연락처와 위험성, 응급조치요령 등을 명시한 기록표를 부착하여야 한다.
- 금연과 같은 준수사항을 지키고, 모든 위험물 용기에는 위험성 표지를 부착하여 안전하게 사용해야 한다.

2 다른 사람의 안전에 대한 관심

안전에 대한 관심은 주위 사람들도 포함해서 생각하여야만 한다. 다른 사람들의 태도를 주시하여 불안전한 행동을 하는 사람에 대해서 안전한 행동을 하도록 주지시켜야 한다. 동료에게 보안경을 착용하여 실험하도록 하는 것도 그 예가 될 것이다. 또한 화재나 사고 시 주위 사람에게 알리는 것도 중요하다.

3 실험과 관련된 위험성에 대한 이해

예방은 안전에서 가장 중요한 요소이다. 어떠한 실험을 계획하거나, 새로운 장비의 사용 및 화학약품을 다루기전에 실험에 관계된 위험성과 안전조치에 대하여 알고 있어야 한다. 가능하면 작업에 대한 위험과 안전조치에 대한 정보를 준비하여 실험실 내 모든 사람이 이용할 수 있도록 해야 한다.

4 사고 시 행동요령

사고발생 시 정확하고 빠르게 대응하여야 한다. 실험실 내 존치물, 비상샤워기, 세안장치, 피난사다리, 소화전, 소화기 등 안전장비 및 비상구에 대하여 잘 알고 있어야 한다. 만약, 사고가 발생하면 다음과 같이 행동하도록 한다.

① 신속히 부근의 사람들에게 통보한다.

화재나 사고 시 근처에 있는 사람에게 알리고 그들에게 다음에 일어날 수 있는 상황을 알리도록 한다. 그리고 다른 사람은 관련부서에 도움을 요청하도록 한다.

② 가능한 화재나 사고를 초기에 신속히 진압한다.

화재로부터 위험을 차단한다는 것은 화재로 인한 피해가 더 이상 번지지 않도록 조치를 취하는 것이다. 화재의 경우 문과 창을 닫도록 한다. 소규모의 화재 발생 시 근처에 있는 소화기를 신속히 사용하도록 하고 화재의 범위가 큰 경우에는 소화전을 사용하며 초기진압이 어려운 경우에는 즉시 진압을 포기하고 피신토록 한다.

③ 건물에서 피신한다.

건물에서 피난 시 화재경보를 울리고, 지체 없이 가까운 출구로 빠져나가도록 한다. 절대 승강기 이용은 삼가 하도록 한다.

④ 도움을 요청한다.

소방서, 경찰서, 병원 등에 긴급전화를 하여 도움을 청한다. 도움 요청은 안전한 곳에서 하도록 한다. 전화 요청 시 응급상황의 성격과 발생위치를 상세하게 설명하고 응급요원의 지시를 받도록 한다.

⑤ 응급요원에게 지금까지의 진행상황에 대하여 상세히 알리도록 한다.

응급요원에게 사고 장소, 고립된 사람, 위험물질, 관련 장비 등을 알려줘야 하며 간단한 응급조치에 대해서 잘 숙지하고 있어야 한다. 이 응급조치에는 사고발생 시 안전장비의 사용방법도 포함한다.

5 사고 또는 위험한 상황에 대한 보고

사고 발생 시 지체 없이 안전담당부서에 전화를 하여 조치하도록 하고 실험실 책임자에게 보고하여야 한다.

1.2 사고와 응급조치

의료사고 시 119 혹은 의료실에 전화하여 구급요원에게 도움을 청하도록 한다. 사고의 성격을 정확히 알려주고 구급요원이 오기 전까지 자신이 아는 범위 내에서 응급조치를 하도록 하고, 만일 응급조치에 미숙하다면 조치를 하지 않는 것이 좋다. 모든 피해에 대하여 실험실 책임자에게 알리도록 한다. 실험실 안에 있는 모든 사람들은 소화기, 피난기구, 안전샤워기, 세안장치 등 안전장비 사용법을 알고 있어야 하며 이런 안전장비들이 실험실 및 건물 어디에 있는지도 알아두어야 한다. 기본적인 응급조치의 방법을 숙지하여 비상시 사용 가능하도록 한다.

1 호흡정지

환자가 바닥에 의식을 잃고 호흡이 정지된 경우 당장 인공호흡을 해야 하는데 구강대 구강법이 어떤 방법보다 효과가 있다. 주변의 도움을 청하려고 시간을 낭비하지 말고 환자를 소생시키면서 도움을 청해야 한다. 구강대 구강법과 심폐소생법 등의 응급조치 방법이 있다.

2 심한출혈

심한출혈은 상처부위를 패드나 천으로 누름으로써 지혈할 수 있다. 천은 깨끗할수록 좋지만 위급할 때는 의류를 잘라 사용토록 한다.

- 쇼크 (shock)를 피하기 위해서 상처부위를 감싸고 즉시 119로 연락하여 응급요원을 부르도록 한다.
- 피가 흐르는 부위는 신체의 다른 부분보다 높게 하고 계속 누르고 있도록 한다.
- 환자는 편안하게 누이도록 한다.
- 지혈대는 쓰지 않도록 한다.

3 화상

① **경미한 화상은 얼음이나 생수로 화상부위를 식혀준다.**

② **옷에 불이 붙었을 때**

- 환자는 바닥에 누워 구르는 경우 근처에 소방담요가 있다면 화염을 덮어 싸도록 한다. 절대로 비상샤워기로 가기위해 뛰어서는 안된다.
- 불을 끈 후에는 약품에 오염된 옷을 벗고 비상샤워기에서 샤워를 하도록 한다.
- 상처부위를 씻고 열을 없애기 위해서 얼마동안 수돗물에 상처부위를 담그도록 한다.
- 상처부위를 깨끗이 하고 얼음주머니로 상처부위를 적시고 충격을 받지 않도록 감싸준다.
- 절대로 사람을 향해 소화기를 사용하지 않는다.

4 약품에 의한 화상

- 화학약품이 묻거나 화상을 입었을 경우 즉각 물로 씻도록 한다.
- 화학약품에 의하여 오염된 모든 의류는 제거하고 물로써 씻어내도록 한다.
- 화학약품이 눈에 들어갔을 경우 15분 이상 흐르는 물에 깨끗이 씻고, 즉각 도움을 청하도록 한다.
- 몸에 화학약품이 묻었을 경우 적어도 15분 이상 수돗물에 씻어내고, 조금 묻은 경우 응급조치를 한 후 전문의에게 진료를 받는다. 많은 부분이 묻었다면 구급차를 부르도록 한다.
- 위급한 경우 비상샤워기, 수도 등을 이용한다.
- 화학약품이 옷의 많은 부분에 엎질러진 경우 오염된 옷을 빨리 벗는다.
- 얼굴에 화학약품이 튀었을 때 보안경을 끼고 있었다면 시약이 묻은 부분은 완전히 세척하고 사용하도록 한다.

5 외상

외상쇼크의 경우 일반적인 증상은 춥고 한기를 느끼며 창백하고 혼수상태로 된다. 재해의 성격이 분명하지 않다면 환자를 따뜻하게 하고 편안하게 눕힌 뒤 전화로 연락하여 환자를 병원으로 이송시키도록 한다.

1.3 실험식 안전규칙

1 개인 예방책

① 실험실에서 혼자 작업하는 것을 피한다.

개인은 적절한 응급조치가 가능한 상황에서만 실험을 해야 한다. 사고발생 시 다른 사람의 도움을 받을 수 있을 때 실험을 하고, 인근에 다른 사람이 실험을 하고 있다면 실험하는 곳을 그들에게 알려주고 서로 상호간에 상내방을 확인할 수 있노록 한다.

② 눈 보호

화학약품을 사용하는 실험에서는 약품이 튀거나 넘어져 눈에 들어갈 위험이 있으며, 가압된 진공용기는 폭발하거나 파열될 수 있다. 전기용접을 할 때는 파편과 광선 때문에 위험하므로 이러한 실험을 할 때 실험자는 보안경, 고글, 보안면을 사용하여야 한다. 대부분 실험은 단지 보안경을 사용하면 되지만 특수한 화학물질 취급 시에는 약품용 보안경 또는 보안면을 착용하여야 한다.

③ 귀 보호

정싱직인 귀로는 15 Hz~20,000 Hz까시의 소리를 들을 수 있다. 순간적으로 높은 소음에 노출되면 일시적인 청각상실을 가져 올 수 있다. 오랜 시간 높은 소음에 노출되면 영구적으로 청각이 상실될 수 있다. 80 dB 이하의 소음은 청각에 위험을 주지 않는다. 130 dB 이상에서는 위험하므로 피해야 한다. 귀덮개는 95 dB 이상의 높은 소음에 적합하고 귀마개는 80 dB~95 dB 범위의 소음에 적합하다. 만일 청각의 위험요소가 존재한다고 생각되면 안전 부서를 통하여 소음 측정을 해보도록 한다.

④ 호흡기관 보호

마스크는 여러 상황에서 사용할 수 있도록 종류와 사이즈가 많으므로 자신에게 적정한 것을 선택한다. 천으로 된 마스크는 작은 먼지를 보호할 수 있으나 화학약품에 의한 먼지로부터는 보호하지 못하는 것에 유의한다.

⑤ 의복

약품이 튀거나 넘어질 수 있는 상황에서는 실험복 (gown), 보안경, 보안면, 앞치마를 착용하는 것이 좋고, 안전장갑은 부식성이거나 쉽게 피부에 흡수되는 약품을 취급할 때 필요하다. 짧고 앞에 발가락이 보이는 신발은 실험실에서 적합하지 않다. 실험실에서는 긴머리, 긴옷, 반짝이는 보석을 착용하는 것은 금물이다.

⑥ 손 보호

장갑을 착용해야 하는 실험을 할 경우에는 실험에 적합한 장갑을 착용하여야 한다. 장갑에는 여러 가지 종류가 있고 쓰임새도 다양하다. 적절한 장갑을 착용하지 않는다면 그 장갑은 손을 보호하는데 아무런 도움이 될 수 없다.

⑦ 실험실 안에서 음식·음료의 섭취는 금한다.

⑧ 실험실 퇴실 시에 반드시 손을 씻는다.

2 실험실 예방책

① 부재 중 실험

실험 계획 시 유념해야 할 것은 언젠가 있을지도 모르는 부재 중 실험에 대한 것이다. 가능한 부재 중 실험은 피해야 한다. 가열판 (heating mantle)나 건조오븐 등의 가열, 냉각수의 고장 (호스 연결 불량, 파열), 환기불량 (독성기체, 가연성물질) 등으로 야기될 수 있는 위험성을 실험실을 떠나기 전에 반드시 체크해야 한다. 부재 중 실험에는 실험의 성격, 성분, 위험가능성 (독성 등), 응급조치 방법, 실험자 이름, 전화번호 등을 명기한 표식을 실험이 행하여지는 실험실 문밖에 부착해 놓아야 한다. 실험자는 실험을 시작하기 전에 이런 것들에 대해 어떻게 할 것인가에 대한 생각을 갖고 있어야 한다. 또한 실험자는 밤샘작업의 경우 이를 책임자에게 알려야 한다.

② 화학약품 취급

모든 용기에는 약품의 명칭을 기재한다(증류수처럼 무해한 것까지). 표시는 약품의 이름, 위험성 (가장 심한 것), 예방조치, 구입날짜, 합성물질, 사용자 이름이 포함되도록 한다.

약품 명칭이 없는 용기의 약품은 사용하지 않는다. 표시를 하는 것은 사용자가 즉각적으로 약품을 사용할 수 있다는 것보다는 화재, 폭발 또는 용기가 넘어졌을 때 어떠한 성분인지를 알 수 있도록 하기 위한 것이다. 또한 용기가 찌그러지거나 본래의 성질을 잃어버리면 실험실에 보관할 필요가 없다.

실험 후에는 폐기용 약품들을 안전하게 처분하여야 한다. 유용한 약품은 쓸 일이 있는 다른 사람에게 확실하게 넘겨주도록 한다.

절대로 모든 약품에 대하여 맛 또는 냄새 맡는 행위를 금하고, 입으로 피펫을 빨지 않는다.

약품이 엎질러졌을 때는 즉시 청결하게 조치토록 한다.

엎질러진 양이 적은 때는 그 물질에 대하여 잘 아는 사람이 안전하게 치우도록 한다. 사고 상황이 자신이 처리가 불가능하다면 안전담당 부서에 전화를 걸어 도움을 요청한다.

전기로 (furnace)나 교반기 (hot plate) 등 고열이 발생되는 실험기기에 대하여 '고열' 또는 이와 유사한 경고문을 붙이도록 한다.

화학약품과 직접적인 접촉을 피한다. 지금 안전하다고 여겨지는 것들도 결국은 해롭다고 판명되고 있다.

③ 수은누출

적은 양이 누출되거나 용기내의 것이 넘어진 경우 수은을 모아 (장갑을 끼고) 밀폐된 용기에 담아두도록 한다. 수은은 진공청소기를 오염시키고 수은증기가 발생되어 좋지 않으므로 진공청소기를 사용하지 않는다.

④ 유리제품

파이렉스 (pyrex) 제품이나 비산방지 유리제품만을 사용하도록 하여 깨질 때 파편이 생기는 유리제품은 사용하지 않도록 한다.

유해한 물질에 의하여 오염된 깨진 유리는 분리처리토록 한다. 각 실험실에서는 깨진 유리만을 버리는 함을 비치토록 한다.

⑤ 기계 · 기구

실험기계·기구를 사용하기 전에 반드시 기계·기구 관리책임자로부터 지시사항과 허락을 받도록 한다. 사용절차 뿐만 아니라 장비가 가지고 있는 위험성, 긴급 상황시 조치사항에 대하여도 상세히 알고 있어야 한다.

전기접속 상태를 사용하기 전 반드시 점검토록 한다.

기기운전 중 실험실을 떠날 때는 가동장비에 대하여 실험자의 긴급연락처와 장비에 대한 명세표를 기록·부착토록 한다.

실험기계·기구는 협소한 장소에 설치하지 않도록 한다.

1.4 실험실 안전장치

1 세안장치

세안장치는 눈에 화학물질이 접촉되었을 때 효과적으로 처리할 수 있는 설비이다. 세안장치는 실험실내의 모든 인원이 쉽게 접근하고 사용할 수 있도록 실험실의 모든 장소에서 15 m 이내, 또는 15~30초 이내에 도달할 수 있는 위치에 확실히 알아볼 수 있는 표시와 함께 설치되어 있어야 한다. 실험실 작업자들은 그들의 눈을 감은 상태에서 가장 가까운 세안장치에 도착될 수 있어야 한다. 눈 부상은 보통 피부부상을 동반하게 된다. 이 때문에 세안장치는 샤워 장치와 같이 붙어 있어서 눈과 몸을 같이 씻을 수 있도록 한다.

① 사용 및 유지

- 물 또는 눈 세척제는 직접적으로 눈을 향하게 하는 것 보다는 코의 낮은 부분을 향하도록 하는 것이 좋다. 이것은 화학물질을 눈으로부터 씻어내는 효과를 증가시켜 준다. (거친 물줄기는 눈 속 깊은 곳의 입자들을 씻어낼 수 있다)
- 눈꺼풀은 강제적으로 열리도록 하여야 눈꺼풀 뒤도 효과적으로 세척할 수 있다.
- 코의 바깥쪽에서 귀 쪽으로 세척하여야 씻긴 화학물질이 거꾸로 눈 안이나 오염되지 않은 눈으로 들어가는 것을 피할 수 있다.
- 물 또는 눈 세척제로 최소 15분 이상 눈과 눈꺼풀을 씻어 낸다.
- 유해한 화학물질로 오염된 눈을 씻을 때에는 가능한 빨리 콘택트렌즈 등은 벗겨낸다.
- 피해를 입은 눈은 깨끗하고 살균된 거즈로 덮는다.
- 병원이나 구급대 (119)에 전화한다.
- 세안장치는 매 6개월마다 점검한다.
- 수직형의 세안장치는 공기 중의 오염물질로부터 노출을 보호하기 위한 보호커버를 설치한다.

② 세안장치의 형식

- 지체저장 중력 분출식 : 배관 공사를 할 수 없는 실험실에서 사용된다.
- 수도꼭지 설치식 (핀이나 누름판 작동) : 손으로 작동하는 동안 계속 물이 흐른다. 수도꼭지를 세안장치로 변경시킬 수 있다.

- 실험실 작업대형 : 작업대 위에 압착형 손잡이가 붙은 스프레이 장치를 설치하여 사용할 수 있다.
- 회전식 세안장치 : 작업대 위 혹은 구석의 싱크대 부근에 설치한다. 90 도로 회전할 수 있어 싱크대 위에서도 사용할 수 있고 물을 받기 위해 밖으로 뺄 수도 있다.

2 샤워 장치

화학물질이 피부나 옷에 튀거나 묻었을 때 샤워 장치로 씻어낸다. 샤워 장치는 화학물질 (예 : 산, 알칼리, 기타 부식성물질)이 있는 곳에는 반드시 설치하여야 하며 모든 사람들이 이용할 준비가 되어 있어야 한다.

① 사용 및 유지

샤워 장치는 접근 가능한 위치에 설치하고 알기 쉽도록 확실한 표시를 한다. 이 장치는 실험시 모든 작업대에서 15 m 이내, 또는 15~30초 이내에 도달할 수 있어야 한다.

실험실 작업자들이 그들의 눈을 감은 상태에서 샤워 장치에 도달할 수 있어야 한다.

샤워 장치는 쥐고 당길 수 있는 사슬이나 삼각형 손잡이로 작동되게 한다.

잡아당기는 장치는 모든 사람의 키에 맞도록 높이를 조절하고 항상 사용가능하게 유지되어야 한다.

샤워 장치에서 쏟아지는 물줄기는 몸 전체를 덮을 수 있어야 한다.

샤워 장치가 작동되는 동안 혼자서 옷을 벗고 신발이나 장신구를 벗을 수 있어야 한다.

샤워 장치는 전기 분전반이나 전선인입구 등에서 떨어진 곳에 위치하여야 한다.

모든 조건이 적합하다면 샤워 장치는 배수구 근처에 설치하는 것이 좋다.

② 샤워 장치의 형식

- 천정/벽 부착형 : 천정에서 수직배관을 연결하거나 벽에서 수평배관으로 머리위에 설치되어 계속적으로 물을 공급한다.
- 작업대에 설치된 호스형 : 손으로 조작하여 상처부위를 빠르게 씻어낼 수 있는 장치이다.
- 바닥에 설치한 비상조합형 : 세안설비와 샤워설비가 같이 설치되어 있다.

3 소방안전설비

① 경보장치

경보장치는 실험실내 인원들에게 위험사항을 신속히 알릴 수 있어야 한다. 모든 연구원, 근무자들은 그들의 실험실에 가장 가까운 화재경보기의 정확한 위치를 잘 알고 있어야 한다.

② 소화기

소화기는 화재의 종류에 따라서 분류되며 화재에 따라서 해당되는 문자나 표시를 가진 종류를 사용한다.

- A급 화재 : 가연성나무, 옷, 종이, 고무, 플라스틱 등의 화재
- B급 화재 : 가연성액체, 기름, 그리스, 페인트 등의 화재
- C급 화재 : 전기에너지, 전기기계기구에 의한 화재
- D급 화재 : 가연성금속 (마그네슘, 티타늄, 나트륨, 리튬, 칼륨)에 의한 화재

소화기는 A, B, C 용으로 사용할 수 있는 다목적용을 비치한다.

소화기는 적합한 표시에 의하여 확실히 구분되어야 하며 출입구 가까운 벽에 안전하게 설치되어 있어야 한다. 모든 소화기들은 매 12 개월 마다 시일상태, 손상여부, 압력저하, 설치불량 등을 점검한다. 만일 그들이 사용되었거나, 손상을 입고 내부 충진상태가 불량하면 새 것으로 교체하거나 재 충진 한다.

- 소화기 사용법

1. 안전핀을 뽑고
2. 호스를 화점에 향하게 하고
3. 손잡이를 강하게 움켜쥔다.
4. 비로 쓸 듯이 골고루 뿌린다.

[그림 1.1] 소화기 사용법.

③ 담요

화재안전담요는 불을 끄기 위한 용도가 아니고 쇼크 상태에 있는 환자를 따뜻하게 하기 위한 것임을 실험실 작업자들에 주지시킨다.

④ 모래, 흡착제

실험실 내에서는 작은 화재들을 빠르고 쉽게 소화할 수 있는 도구나 재료 등이 필요하다.

이러한 재료들은 쉽게 손에 닿을 수 있는 곳에 화재의 종류에 따라 사용할 수 있도록 적절한 표지를 붙여서 보관한다.

모래상자를 재떨이로 사용하지 않도록 한다.

⑤ 스프링클러

스프링클러는 자동적으로 작동된다. 실험실 작업자들은 이 시스템을 끄지 않도록 한다.

실험실 용품들은 스프링클러 헤드에서 적어도 50 cm 이상 떨어진 곳에 위치하도록 한다.

스프링클러 헤드에 물건을 매다는 일이 없도록 한다.

화재탐지시스템은 정전 등이 발생될 때에는 작동을 하지 않는다는 점을 유의해야 한다.

Chapter 2 공정시험 기본지식

공정시험법에 따라 실험실에서 실험을 수행하기 위하여 일반시험에 관한 기초지식과 기기분석의 기본내용이 되는 흡광광도법을 미리 숙지하여야 한다.

일반시험법은 대기, 수질, 폐기물 등 환경분야의 화학실험을 수행시 시약제조 및 평가를 위하여 공통적으로 요구되는 내용을 정리한 것이다.

환경기기분석에 있어서 매우 다양한 분석기가 활용되고 있는데, 대부분 흡광광도법에 의한 분석원리가 적용되고 있다. UV-Spectrophotometer는 흡광광도법 실험에 있어서 대학, 연구소, 산업체에서 대부분 확보하고 있으며 손쉽게 다룰 수 있다.

2.1 일반시험법

1 단위 및 기호

공정시험법에서 사용되는 단위는 표 2.1과 같다.

[표 2.1] 도량형의 단위 및 기호

종류	단위	기호	환산	종류	단위	기호	환산
길이	미터	m	1	용량	킬로리터	kL	1
	센티미터	cm	10^{-2}		리터	L	10^{-3}
	밀리미터	mm	10^{-3}		밀리리터	mL	10^{-6}
	마이크로미터	μm	10^{-6}		마이크로리터	μL	10^{-9}
	나노미터	nm	10^{-9}	부피	세제곱미터	m^3	1
	옹스트롬	Å	10^{-10}		세제곱센티미터	cm^3	10^{-6}
무게	킬로그램	kg	1		세제곱밀리미터	mm^3	10^{-9}
	그램	g	10^{-3}	압력	기압	atm	1
	밀리그램	mg	10^{-6}			mmHg	760
	마이크로그램	μg	10^{-9}			mmH_2O	10336
	나노그램	ng	10^{-12}		표준대기압	kPa	101.325
넓이	제곱미터	m^2	1			mbar	1013.25
	제곱센티미터	cm^2	10^{-4}			hPa	1013.25
	제곱밀리미터	mm^2	10^{-6}			psi	14.696

2 농도표시

① 백분율(%)

- W/W% : 액체 또는 고체혼합물 100 g 중의 용질의 질량(g)을 표시
- W/V% : 액체 100 mL 중의 성분 질량(g)
  기체 100 mL 중의 성분 질량(g)
- V/V% : 액체 100 mL 중의 성분 용량(mL)
  기체 100 mL 중의 성분 용량(mL)

② ppm, ppb

- ppm : 백만분율 (ppm : parts per million)
- ppb : 10억분율 (ppb : parts per billion)

기체일 때는 용량대 용량(V/V), 액체일 때는 중량대 중량(W/W)으로 표시한다.

- ppm=10^{-6}, ppb=10^{-9}
- 1 ppm=1000 ppb , 1%=10000 ppm
- 용량 대 용량일 때 : ppm=mL/㎥=μL/L
- 중량 대 중량일 때 : ppm=g/ton=㎎/㎏=㎍/g

③ ㎎/㎥, ㎍/㎥

대기 중의 먼지나 mist 등의 농도를 표시할 때는 단위부피당 분진의 무게(㎎/㎥, ㎍/㎥)로 표시한다. 이때 부피는 표준상태의 부피이며 S㎥으로 표시한다. 별도 규정이 없는 한 항상 표준상태로 환산하여 사용하여야 한다.

오염물질이 기체일 때는 그 기체의 분자량을 알면 다음 환산식에 의하여 ㎎/㎥→ppm, ppm→㎎/㎥로 환산 할 수 있다.

$$\frac{mg}{m^3} = ppm \times \frac{22.4}{M}$$

여기서, M은 분자량이다.

④ 몰 농도(M, g-mol/L)

용액 1 L중에 녹아 있는 용질의 몰수를 나타낸다. 즉 1 M용액은 용액 1 L중에 용질 1몰이 녹아있는 것을 말하며 여기서 몰(mol)이란 그람분자량, 즉 분자량에 g을 붙인 것이다. 용액은 용매에 용질이 녹아 있는 것이며 용매는 녹이는 물질이고 용질은 녹는 물질이다.

(예) 1M-염산용액 : 염산(HCl)의 분자량은 36.5이며 1몰은 36.5 g이다. 그러므로 염산 36.5 g을 물에 녹여 1 L로 하면 1 M염산 용액이다.

$$\text{몰농도(M)} = \frac{\text{용질의 몰수}}{\text{용매}(L) + \text{용질}(L)} = \frac{\text{용질의 질량}(g) \div g\text{분자량}(g/g-mol)}{\text{용액}(L)}$$

$$M = \frac{\text{비중(밀도)} \times 1{,}000 \times \frac{\%}{100}}{\text{분자량}}$$

⑤ 규정농도(N)

용액 1 L중에 녹아 있는 용질의 g당량 수를 말한다.

1 N용액 : 용액 1 L중에 용질 1 g 당량이 녹아 있는 것이며, 여기서 g 당량이란 수소 1 g원자, 수산화이온 1 g이온 또는 산소 1/2 g 원자와 반응할 수 있는 반응물질의 g로 나타낸 무게이다. 그러므로 g당량은 g분자량과 같이 일정하지 않고 반응하는 물질에 따라 다르다.

$$N = \frac{\text{용질의 } g-\text{당량}}{\text{용액의 부피}(L)} = \frac{\text{용질의 무게}(g)}{\text{용질 } 1g\text{ 당량수}(g/g-\text{당량})} \times \frac{1000}{\text{용액의 부피}(mL)}$$

- 산·알카리 반응일 때

  H^+ 또는 OH^- 수로 g분자량(mol)을 나누면 g당량(당량)이 된다.

  1가의 산·알카리(HCl, NaOH)→당량=몰

  2가의 산·알카리[H_2SO_4, $Ca(OH)_2$]→당량=1/2몰

- 산화, 환원 반응일 때

  반응 전후에 있어서 전자의 변화수로 g 분자량을 나눈 값 또는 산소 1/2원자(수소 1원자)가 반응 할 수 있는 물질의 g수로 나타낸다.

(예) $MnO_4^- \rightarrow Mn^{++}$: 전자의 변화수 5

+7 +2

$2KMnO_4 = K_2O + 2KMnO + 5(O)$

$KMnO_4$의 1 g 당량 = $KMnO_4(g)/5$

⑥ 규정농도 계수(f, factor)

몰용액 또는 규정용액을 만들 때는 정확한 농도의 용액조제가 불가능하므로 농도를 정확히 알고 있는 기준물질 (고체 또는 용액)로 표정하여 규정농도 계수를 구한다.

$$f = \frac{\text{규정용액의 정확한 } mL \text{ 수}}{\text{표정에 사용한 용액의 } mL \text{ 수}} = \frac{\text{기준물질의 양으로부터 산출되는 } mL \text{ 수}}{\text{표정에 사용한 용액의 } mL \text{ 수}}$$

⑦ 액의 농도

- 수용액 : 단순히 용액이라 기재한 것은 수용액을 뜻한다.
- 혼액(1+2), (1+5+10) 등으로 표시한 것은 액체상의 성분을 각각 1용량대 2용량, 1용량대 5용량대 10용량의 비율로 혼합한 것을 뜻하며 (1:2), (1:5:10)으로도 표시된다.

  (예) 황산(1+2) : 황산 1용량에 물 2용량을 가하여 3용량으로 만든다.
- 액의 농도를 (1→2), (1→5) 등으로 표시한 것은 그 용질의 성분이 고체일 때는 1 g을, 액체일 때는 1 mL를 용매에 녹여 전량을 각각 2 mL또는 5 mL로 하는 비율을 뜻한다.

⑧ 시약의 농도

시험에 사용하는 시약은 따로 규정이 없는 한 특급 또는 1급의 것을 사용하며 단순히 염산, 질산 등으로 표시하였을 때는 따로 규정이 없는 한 표 2.2에 규정한 농도 이상의 것을 사용한다.

[표 2.2] 시약의 농도

명 칭	화학식	농 도(%)	비 중(약)
염산	HCl	35	1.18
질산	HNO_3	60	1.38
황산	H_2SO_4	95	1.84
인산	H_3PO_4	85	1.7
초산(아세트산)	CH_3COOH	99	1.06
암모니아수	NH_4OH	28(NH_3로서)	0.90
과산화수소수	H_2O_2	30	1.10
불화수소산	HF	48	1.15

⑨ 희석(Dilution)

용액에 물이나 다른 용매를 가하여 농도를 묽게 하는 것이다. 즉, 어떤 물질의 농도를 다른 물질을 넣어 낮추는 것을 의미한다.

진한용액 일정량에 용매를 가해서 묽은용액을 만들 때, 묽히기 전/후 용액에 들어있는 용질의 양은 변함없다(즉, 일정하다)

$$M \times V = M' \times V'$$

(예) 0.10 M 황산용액 450 mL를 만들 3.0 M 황산용액은 몇 mL 필요한가?

$$M \times V = M' \times V'$$

$$3.0\ M \times ?\,mL = 0.10\ M \times 450\ mL$$

$$?\,mL = (0.10\ M \times 450\ mL) \div 3.0\ M = 15\ mL$$

즉, 3.0 M 황산용액 15 mL를 피펫으로 분취하여 메스실린더에 넣고, 450 mL까지 물로 채우면 0.10 M 황산용액 450 mL가 된다.

황산을 묽혀서 사용할 때 주의사항

진한 황산은 물과 만나면 급격히 이온화되는데, 이때 용액이 끓어 튈 정도로 한꺼번에 많은 열이 방출된다.

실험실에서 진한 황산과 물을 혼합하여 묽은 황산 용액을 만들 때는 반드시 비커 등과 같은 용기에 다량의 물을 먼저 넣고, 여기에다 진한 황산을 몇 방울씩 천천히 떨어뜨려 만들어야 한다.

그 이유는 진한 황산(d 1.84)은 물보다 비중이 크기 때문에, 진한 황산 방울을 물에 떨어뜨리면 물속으로 가라앉으면서 열이 분산되므로 황산 용액이 밖으로 튀지 않는다.

만약 반대로 진한 황산에다 물을 떨어뜨리면 물이 황산 위에 뜬 상태에서 끓기 때문에 황산 용액이 밖으로 튈 수 있다.

3 온도의 표시

- 온도의 표시는 섭씨온도℃(celcius도) 및 절대온도 °K(kelvin)로 표시한다.
  0°K는 -273℃이며, 섭씨온도와 절대온도의 관계는 K=273+℃이다.
- 표준온도 : 0℃, 상온 : 15~25℃, 실온 : 1~35℃, 찬곳 : 0~15℃의 곳
- 냉수 : 15℃이하, 온수 : 약 100℃
- 수욕상 또는 수욕 중에서 가역 : 약 100℃에서 가열
- 냉후(식힌후) : 가온 또는 가열 후 실온 까지 냉각

4 기구 및 용기

- 메스플라스크, 피펫, 뷰렛, 메스 실린더 등 화학분석용 유리기구는 국가 검정을 필한 것을 사용한다.
- 분석용 저울은 0.1 ㎎까지 달 수 있어야 하고 국가검정을 필한 것을 사용한다.

- 용액의 액성은 따로 규정이 없는 한 유리전극법의 pH미터사용
- "여과한다"라고 하면 여과지 5종이나 동등 이상을 사용 여과하는 것을 뜻한다.
- 밀폐용기 : 물질을 취급 보관하는 동안 이물이 들어가거나 내용물이 손실되지 않도록 보호하는 용기
- 기밀용기 : 외부로부터 공기 또는 다른 가스의 침입을 보호
- 밀봉용기 : 기체 또는 미생물의 침입을 보호
- 차광용기 : 광선으로부터 보호

5 시험의 기재 및 용어

- 정확히 단다 : 분석용 저울로 0.1 mg까지 단다.
- 항량이 될 때까지 건조 또는 강열 : 1시간 더 건조 또는 강열할 때 무게차가 매 g당 0.3 mg 이하일 때
- 정확히 취한다 : 액체성분의 양은 홀피펫, 메스플라스크 등으로 조작하는 것
- 즉시 : 30초 이내
- 감압 또는 진공 : 15 mmHg 이하
- 바탕시험을 하여 보정한다 : 시료에 대한 처리 및 측정을 할 때 시료를 사용하지 않고 같은 방법으로 조작한 측정치를 빼는 것을 말함
- 정량적으로 씻는다 : 유리용기 등에 부착한 정량대상 성분을 완전히 옮기는 것
- 약 : 무게 또는 부피의 ±10% 이상의 차가 없는 것
- 방울수 : 20℃에서 정제수 20방울을 떨어뜨릴 때 그 부피가 1 mL되는 것

6 실험결과의 표시

- 별도의 규정이 없는 한 가스성분은 ppm 또는 ppb(V/V)로 입자상 성분은 mg/㎥ 또는 ㎍/㎥로 표시한다.
- 시험성적 수치는 마지막 유효수의 다음 단위까지 계산하여 수치 맺음법에 따라 기록한다.

2.2 흡광광도법

1 원리 및 적용범위

빛이 시료 용액 중을 통과할 때 흡수나 산란 등에 의하여 강도가 변화하는 것을 이용하는 것으로 시료물질의 용액 또는 여기에 적당한 시약을 넣어 발색시킨 용액의 흡광도를 측정하여 시료 중의 목적성분을 정량하는 방법으로, 파장 200~900 nm(자외선 : 200~400 nm, 가시광선 : 400~700 nm)에서의 액체의 흡광도를 측정함으로써 수중의 각종 오염물질 분석에 적용한다.

2 개요

흡광광도 분석법은 일반적으로 전이금속 착화합물이나 발색단을 가진 유기화합물 등의 농도를 광원으로부터 나오는 빛을 단색화장치(monochrometer) 또는 필터(filter)에 의하여 좁은 파장 범위의 빛만을 선택하여 시료 용액 층을 통과시킨 다음 광전측광(光電測光)으로 흡광도를 측정하여 목적성분의 농도를 정량하는 방법이다.

- Lambert 법칙 : 흡광광도 분석법에서 정량분석에 대한 중요한 법칙으로서 Lambert와 Bouguer는 입사광이 용질에 의하여 흡수되는 비율(흡광도)은 용질층의 두께에 비례한다는 것을 알아낸 법칙.
- Beer의 법칙 : 흡광도가 시료의 농도에 비례한다.

이 두 법칙을 합한 식을 Lambert-Beer 법칙이라 한다.

Lambert 법칙과 Beer 법칙에 의하여 빛이 투과하는 비율은 용질층의 두께, 시료의 농도에 비례하게 된다.

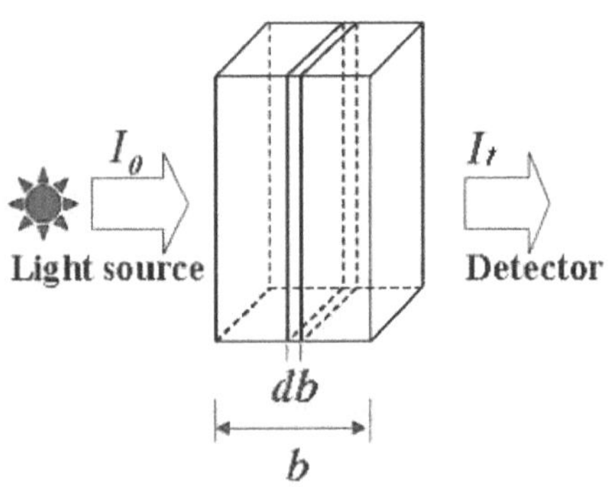

$$\int_{I_0}^{I_t} \frac{dI}{I} = -kc\int_0^b db$$

I_0 : 입사광세기
I_t : 투과광세기
dI : 빛의 세기변화
k : 비례상수
c : 용질의 농도
db : 용질의 두께변화

[그림 2.1] 흡광광도계 원리.

$$\int_{I_0}^{I_t} \frac{dI}{I} = -kc\int_0^b db$$

$$\ln\frac{I_t}{I_0} = 2.303\log\frac{I_t}{I_0} = -kcb$$

$$\log\frac{I_t}{I_0} = -\varepsilon cb$$

$$\frac{I_t}{I_0} = 10^{-\varepsilon cb} - t(transmitance)\ ,\ t \times 100 - T \text{ (투과\%)}$$

$$\log\frac{1}{t} = A(Absorbance) = \varepsilon cb \text{ (}\varepsilon\text{ : 흡광계수)}$$

이 식에서 농도를 알고 있는 표준액에 대하여 흡광도를 측정하고 흡광계수(ε)를 구해 놓으면 시료용액에 대해서도 같은 방법으로 흡광도를 측정함으로써 정량할 수 있다. 그러나 실제로는 ε를 구하는 대신에 농도가 다른 몇 가지 표준액을 사용하여 시료액과 똑같은 방법으로 조작하여 얻은 검량선으로부터 시료 중의 목적성분을 정량하는 것이 보통이다.

3 장치구성

일반적으로 사용하는 흡광광도 분석장치는 다음과 같이 광원부, 파장선택부, 시료부, 측광부로 구성되고 광원부에서 측광부까지의 광학계에는 측정목적에 따라 여러 가지 형식이 있다.

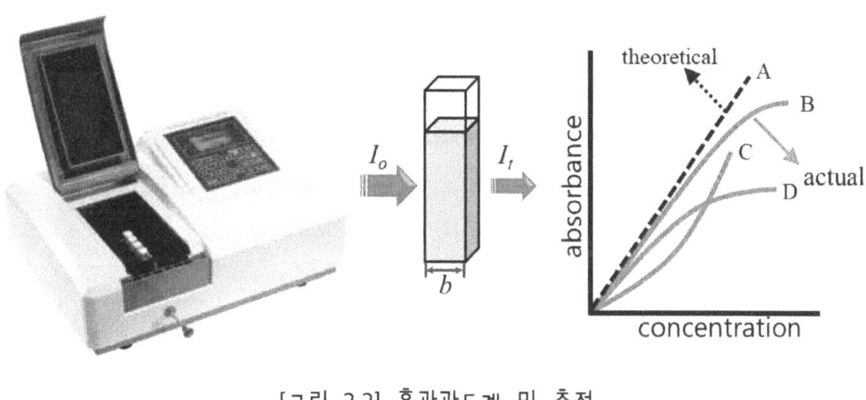

[그림 2.2] 흡광광도계 및 측정.

광원부 — 파장선택부 — 시료부 — 측광부

① 광원부

- 텅스텐 램프 : 가시부, 근적외부
- 중수소방전관 : 자외부

② 파장선택부

- 단색화장치(monochrometer) : 프리즘, 회절격자
- 필터(filter) : 색유리필터, 제라틴필터, 간섭필터

③ 시료부

- 흡수셀 : 사각형(10×10 ㎜)
- 흡수셀 재질 : 석영 또는 경질유리(370 ㎚이상), 가시부 파장범위, 자외부 파장범위 (370 ㎚이하)에 사용, 플라스틱(근적외부 파장범위)

④ 측광부

- 광전관, 광전자증배관, 광전도셀 또는 광전지 사용

4 정량방법

흡광광도법으로 정량할 때는 미리 몇 단계의 농도를 갖는 표준용액을 시료용액과 같은 조작을 하여 발색시키고 농도와 흡광도와의 관계선 즉 검량선을 작성하던가 몰흡광계수(ε : c=1 mol, b=10 mm일 때의 흡광계수)를 미리 구한다.

① **검량선의 작성 몇 단계의 표준액에 대한 흡광도를 측정하고 표준액의 농도를 X축, 흡광도를 Y축에 취하여 그래프를 그린다.**

- 표준액 : 분석하려는 성분의 농도를 알고 있는 용액
- 대조액 : 분석하려는 성분이 들어 있지 않은 용매만을 시료처리와 같은 방법으로 처리하여 만든 용액

② **측정조건 검토**

- 발색조건을 검토한다. (흡수곡선과 최대흡수파장)
- 최고의 흡광도가 얻어지는 측정파장 선택
- 대조액은 용매, 바탕시험액 기타 적당한 용액을 선정
- 측정된 흡광도는 0.2~0.8의 범위에 들도록 시험용액 농도 및 흡수셀 길이 선정

③ **정량조작**

일정량의 시료용액-발색-일정량으로 휘선-광도계 조건설정-흡광도 측정-계산

2.3 주요 화학물질의 개정 명명법

산업자원부 기술표준원(현재 산업통상자원부 국가기술표준원)이 지난 2005년 일부 원소 용어를 고친 다음 한국산업표준(KS) 규격으로 제정했다. 기존 용어는 독일식 발음으로 표기된 것으로 일제 강점기 일본 교과서를 통해 우리나라에 정착했다. 이에 따라 왜색을 띤 용어이자 영어로 소통하는 국제 현실과도 동떨어진 용어라고 판단, 국제 순수 및 응용화학연맹(이하 IUPAC)*에서 정한 영어 발음으로 표기법을 바꾸었다. 2013년 개정된 교과서에 영어식 원소 용어가 전면적으로 등장하면서 환경관련 공정시험법에서도 지속적으로 개정을 추진하고 있으며, 대표적인 무기원소에 대해서 표 2.3에 정리하였다.

[표 2.3] IUPAC 개정 명명법

IUPAC 이름	원자번호	원소기호	한글	
			옛이름	새이름
Fluorine	9	F	플루오르	플루오린
Sodium	11	Na	나트륨	소듐
Potassium	19	K	칼륨	포타슘
Titanium	22	Ti	티탄	타이타늄
Chromium	24	Cr	크롬	크로뮴
Manganese	25	Mn	망간	망가니즈
Germanium	32	Ge	게르마늄	저마늄
Selenium	34	Se	셀렌	셀레늄
Bromine	35	Br	브롬	브로민
Niobium	41	Nb	니오브	나이오븀
Molybdenum	42	Mo	몰리브덴	몰리브데넘
Antimony(Stibium)	51	Sb	안티몬	안티모니
Tellurium	52	Te	텔루르	텔루륨
Iodine	53	I	요오드	아이오딘
Xenon	54	Xe	크세논	제논
Lanthanum	57	La	란탄	란타넘
Samarium	62	Sm	사라륨	사마륨
Terbium	65	Tb	테르븀	터븀
Erbium	68	Er	에르븀	어븀
Ytterbium	70	Yb	이테르븀	이터븀
Tantalum	73	Ta	탄탈	탄탈럼
Californium	98	Cf	칼리포르늄	캘리포늄
Einsteinium	99	Es	아인시타늄	아인슈타이늄

2.4 실험기구 및 장치

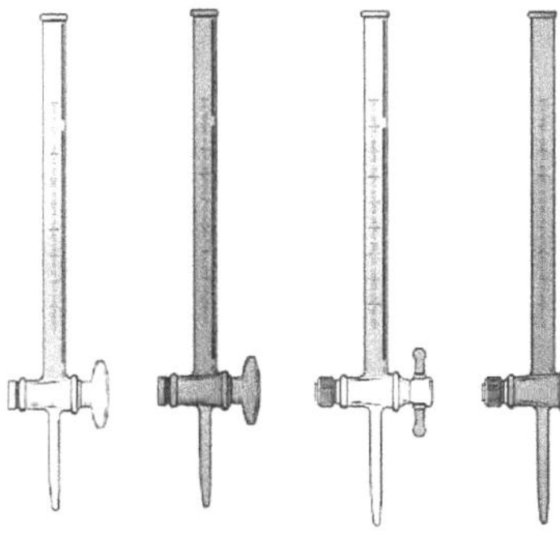

Burette//glass, teflon cock

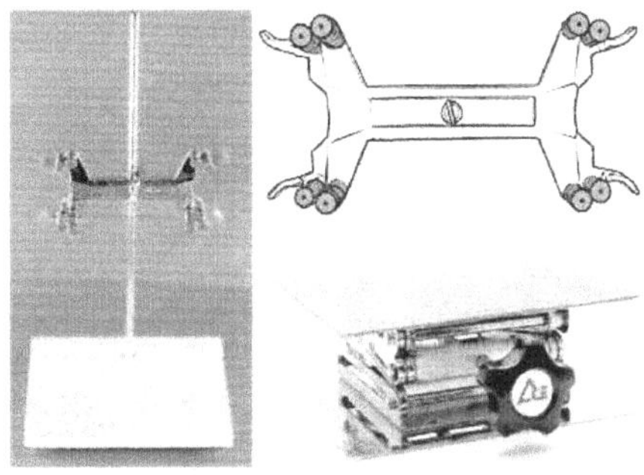

Burette support stand

Clamp, Support Jack

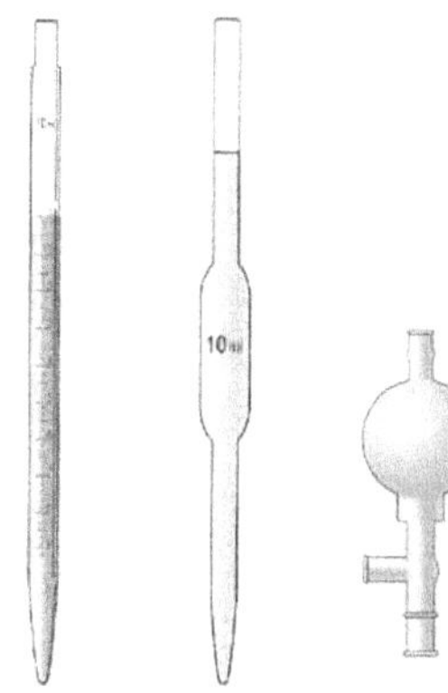

Pipet//measuring, volumetric, filler

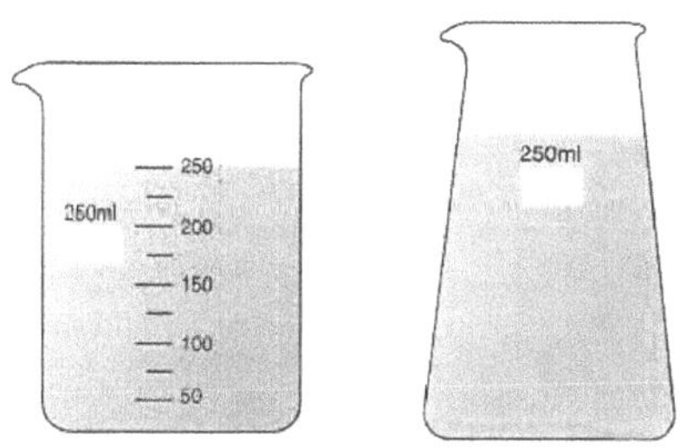

Beaker

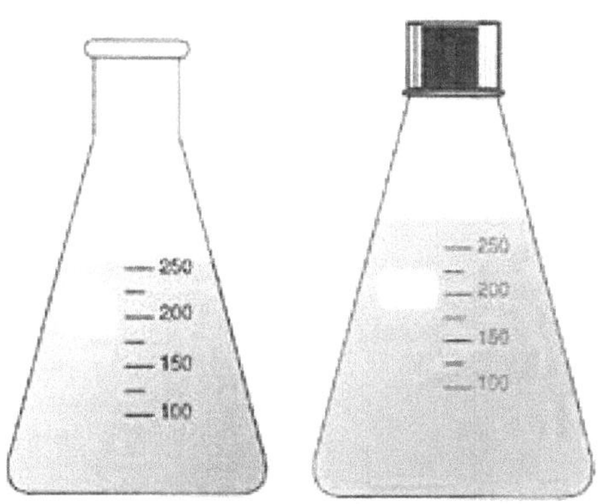

Erlenmeyer Flask

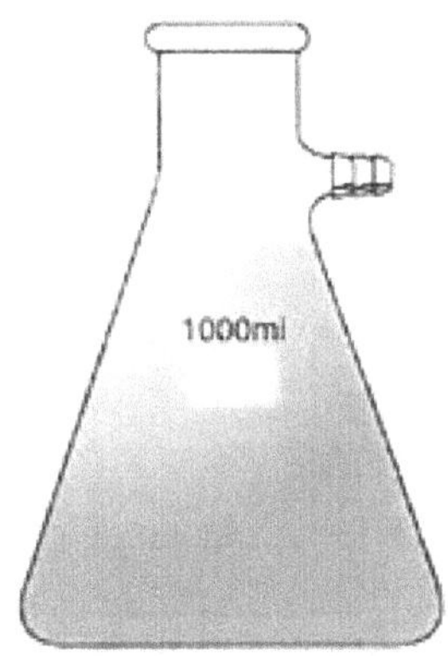

Filtering Flask

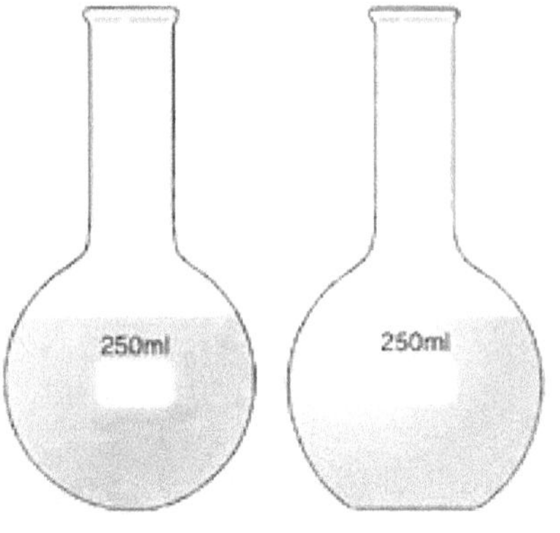

Round bottom flask

Kjeldahl Flask

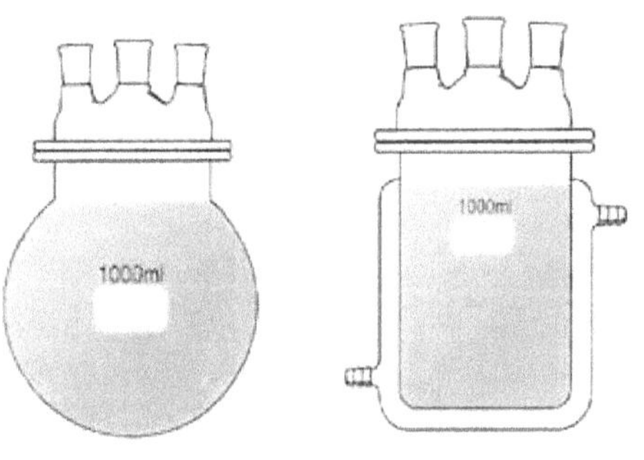

Reaction flask-3necks, 3necks Jacketed

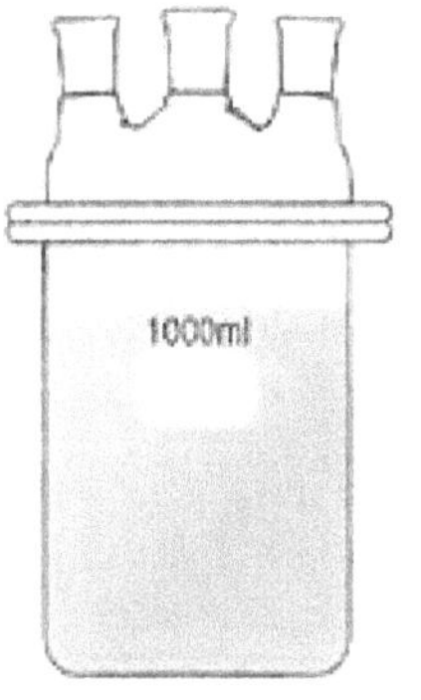

3necks beaker flat bottom

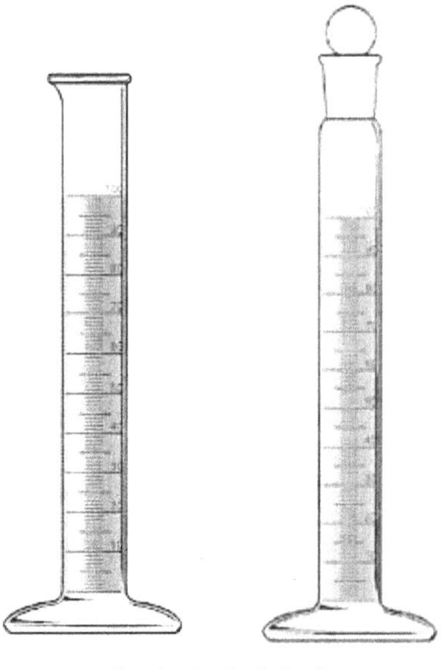

Graduated Cylinder

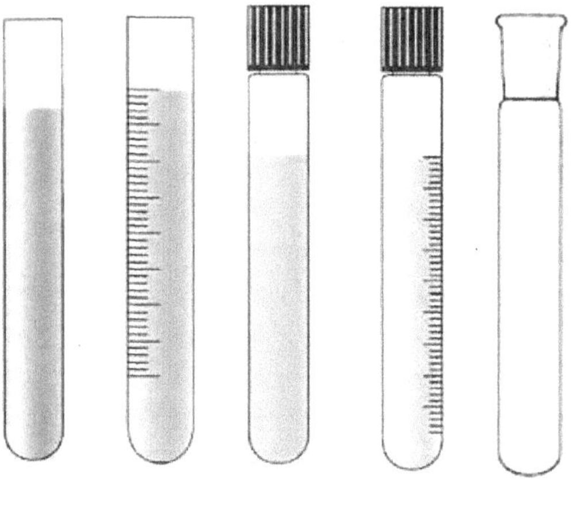

Test Tube

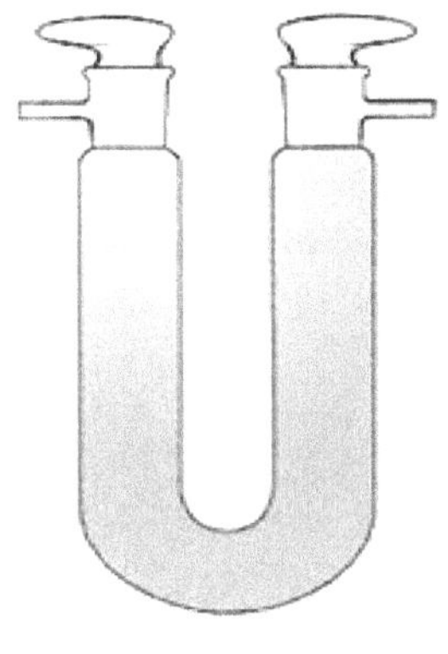

U Shaped Drying Tube

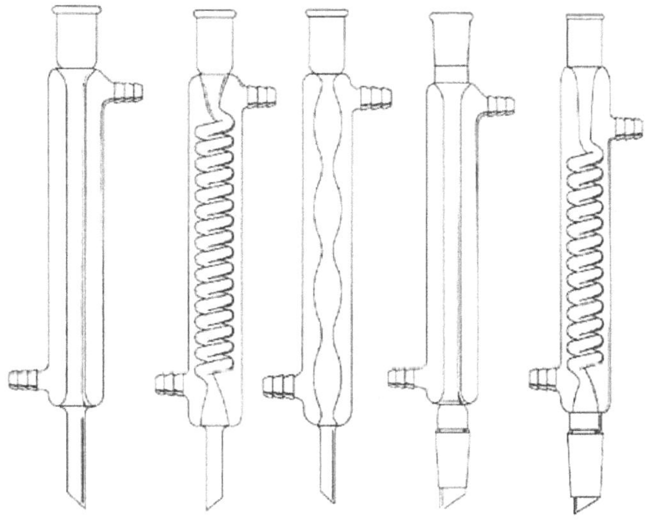

Condenser

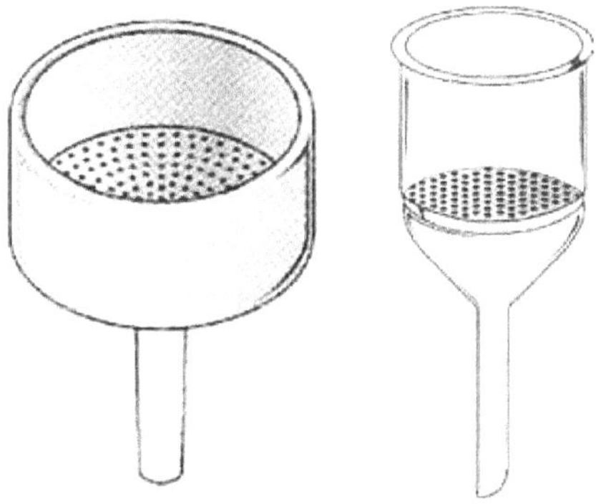

Buchner Funnel

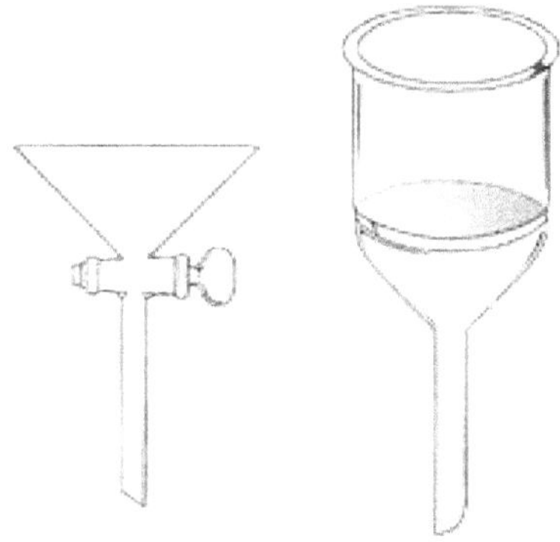

Stopcock Funnel, Glass filter

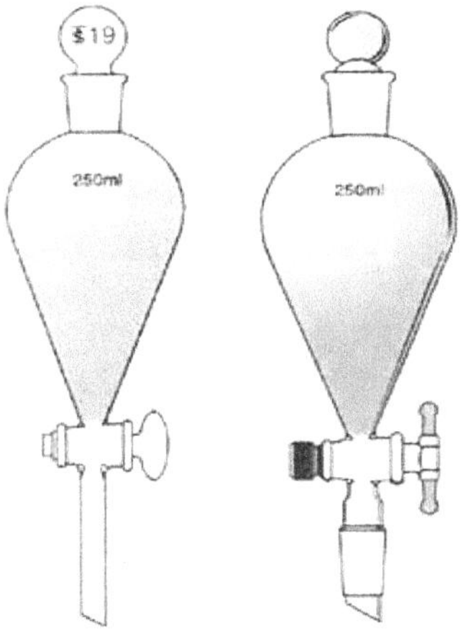

Separatory

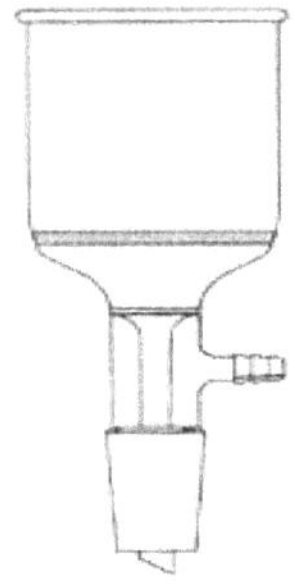

Vacuum adapter filter

Desiccator, glass

Desiccator, PP/PC

Jar-Tester

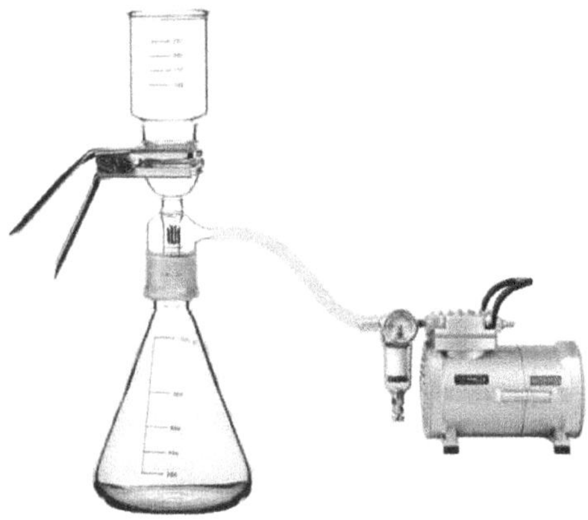

SS Apparatus

Hotplate Stirrer

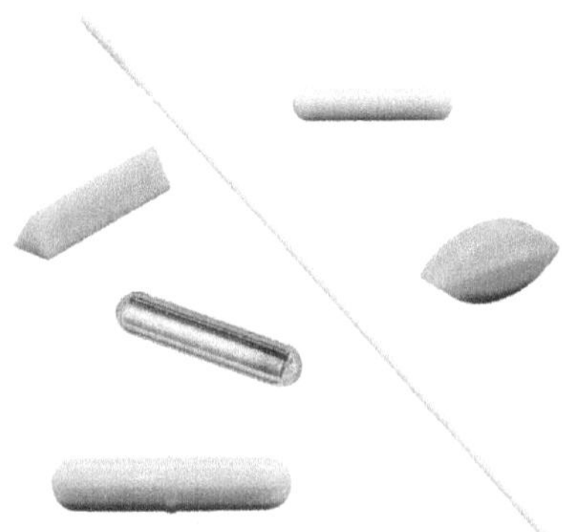

Magnetic Stirrer bar/stick

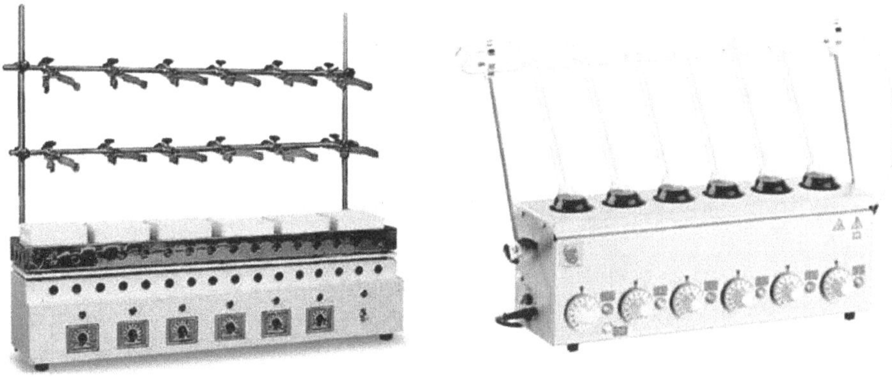

Kjedahl apparatus

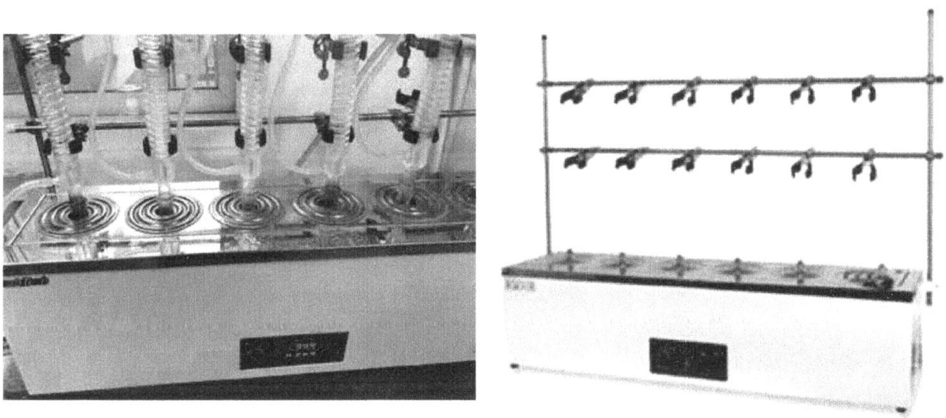

COD Water Bath

Ultrasonic cleaner

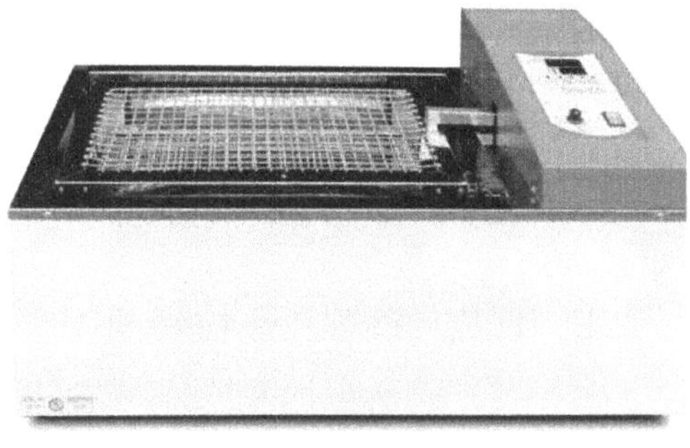

Shaking Water Bath

연습문제

1. 다음은 공정시험법에서 사용하고 있는 길이 단위에 대한 설명이다. 잘못 설명된 것은?

① ㎛는 μ와 같은 단위이다. ② mμ는 10^{-3} ㎛와 같다.
③ Å은 10^{-8} m이다. ④ m은 10^3 mm이다.

☑ 해설) Å은 10^{-10} m이다.

2. 다음 중 압력단위가 옳게 설명되지 않은 것은?

① 1 atm = 760 mmHg ② 1 mmAq = 13.6 mmHg
③ 1 mmH_2O = kg/㎡ ④ 1 mmHg = 13.6 mmH_2O

3. 액체 100 mL중의 성분질량(g) 또는 기체 100 mL 중의 성분질량(g)을 표시한 단위는?

① W/V% ② V/V% ③ W/W% ④ V/W%

4. 다음 중 1 ppm과 같지 않은 것은?

① $1/10^6$ ② 1/10,000% ③ 1,000 ppb ④ 10 pphm

5. 다음 중 ppm의 단위가 아닌 것은?

① mg/㎥ ② mL/㎥ ③ mg/kg ④ ㎍/g

6. 다음은 분자량을 알고 있는 기체의 백만분율과 단위부피당의 무게를 상호계산하기 위한 식이다. 틀린 것은?

① mg/㎥ = ppm × M/22.4

② μg/㎥ = ppm × $M/22.4 \times 10^{-3}$

③ ppm = mg/㎥ = ppm×M/22.4

④ ppm = μg/㎥ × $M/22.4 \times 10^{-3}$

7. 시판되고 있는 염산은 비중이 1.18이고, 농도가 35%이다. 이 염산의 몰농도는 얼마인가?

① 6.7 ② 11.3 ③ 22.6 ④ 36.5

☑ 해설) M농도 = $\dfrac{비중 \times \dfrac{\%}{100} \times 1{,}000}{분자량}$ $\therefore \dfrac{1.18 \times \dfrac{35}{100} \times 1{,}000}{36.5} = 11.3\,M$

8. 공정시험법에 규정하고 있는 황산의 규정농도는? (단 비중 1.84, 농도 95%)

① 16 N ② 18 N ③ 36 N ④ 42 N

☑ N농도 = $\dfrac{비중 \times \dfrac{\%}{100} \times 1{,}000}{g\ 당량}$ $\therefore \dfrac{1.84 \times \dfrac{95}{100} \times 1{,}000}{49} = 35.67N$

9. 0.1 N $KMnO_4$용액을 1 L를 만들려면 $KMnO_4$ 몇 g을 취해야 하는가? (단, $KMnO_4$의 분자량은 158이다)

① 2.6 g ② 3.2 g ③ 4.0 g ④ 5.3 g

☑ 해설) $KMnO_4$의 g당량은 158/5이다.

∴ 1 N : [158/5]/L = 0.1 N : X g/L X=3.16 g/L

10. 0.2 N-황산 30 mL를 중화하는데 필요한 0.1 N NaOH용액의 양은 얼마인가?

① 10 mL ② 15 mL ③ 30 mL ④ 60 mL

☑ 해설) $N_1 \cdot V_1 = N_2 \cdot V_2$를 이용하라. 0.2×30 = 0.1×X.....X= 60 mL

11. 0.02 M-황산 30 mL를 중화하는데 필요한 0.1 N 수산화나트륨 용액의 양은 몇 mL인가?

① 6 mL ② 12 mL ③ 24 mL ④ 26 mL

☑ 해설) 0.02 M 황산 → 0.04 N 황산

∴ 0.04 N × 30 mL = 0.1 N × X mL, ∴X = 12 mL

12. 염산(비중 1.18, 농도 35%) 100 mL를 물 500 mL에 혼합했을 때 이 염산은 몇 % 용액인가?

① 6.7% ② 8.3% ③ 16.7% ④ 19.1%

☑ 해설) • 염산용액 : 100 mL × 1.18 g/mL = 118 g

• 염산용질 질량 : 118 g×0.35 = 41.3 g

$$\therefore \frac{41}{118 + 500} \times 100 = 6.68\%$$

13. 다음은 몰농도와 규정농도에 관한 설명이다. 틀린 것은?

① 몰농도는 용액 1 L중에 녹아 있는 용질의 몰수이며, M 또는 mol/L로 표시한다.

② 몰이란 분자량에 g를 붙인 것으로 g분자량이다.

③ 황산 1몰은 2 g당량이다.

④ 1 N용액은 용액 1 L중에 용질 1 g분자량이 녹아 있는 용액이다.

14. 비중이 1.02인 용매에 불순물이 450 mg/L 함유되어 있다면 이 불순물은 몇 ppm 인가?

① 350 ppm ② 390 ppm ③ 441 ppm ④ 450 ppm

☑ 해설) $\frac{450\ mg}{1 \times 1.02\ kg} = 441\ mg/kg = 441\ ppm$

15. 다음 중 공정시험법에서 규정하는 시약의 농도와 비중이 틀린 것은?

① 염산 : 농도 35%, 비중 1.18 ② 황산 : 농도 95%, 비중 1.84

③ 질산 : 농도 60%, 비중 1.38 ④ 암모니아수 : 농도 48%, 비중 0.90

☑ 해설) 암모니아수의 농도는 28%이다.

16. 다음 중 틀린 것은?

① 혼액(1+2), (1+5) 등으로 표시한 것은 (1:2), (1:5)로 표시한 것과 같다.

② 액의 농도를 (1→5)로 표시한 것은 고체 1 g 또는 액체 1 mL를 용매에 녹여 전체를 5 mL로 하는 비율을 뜻한다.

③ 질산(1+10)은 질산 1용량을 물 10용량에 혼합한 것이다.

④ 질산(1+10)은 질산 1용량을 물에 가하여 전체용적을 10으로 하는 것이다.

17. 기체의 농도를 표시할 때 표준상태라 함은?

① 0℃, 1기압, 비교습도 50%일 때

② 0℃, 1기압, 비교습도 0%일 때

③ 15℃, 1기압, 비교습도 50%일 때

④ 상온, 상압, 비교습도 40~60%일 때

18. 다음 중 잘못된 설명은?

① 섭씨온도는 ℃, 절대온도는 °K로 표시하고 °K는 -273℃와 같다.

② 상온은 1~35℃이며, 찬 곳은 0~15℃의 곳이다.

③ 냉수는 15℃, 열수는 100℃, 온수는 60~70℃이다.

④ 수욕 상에서 가열한다 함은 약 100℃로 가열함을 의미한다.

19. 공정시험법에서 오염물질의 농도는 어느 온도를 기준으로 하여 표시하는가?

① 표준온도 ② 상온 ③ 실온 ④ 온도에 관계없다.

20. 다음 설명 중 틀린 것은?

① 분석용 저울은 0.1 mg까지 달수 있어야하며, 국가검정을 필한 것을 사용한다.

② 약이란 그 무게 또는 부피의 ±10% 이상의 차이가 없는 것이다.

③ 즉시란 1분 이내를 말한다.

④ 감압 또는 진공은 15 mmHg이하를 말한다.

21. 다음 설명 중 잘못된 것은?

① 방울수란 20℃에서 정제수 20방울을 떨어뜨릴 때 그 부피가 약 0.1 mL되는 것을 말한다.

② 바탕시험이란 시료의 처리 시 시료를 사용치 않고 같은 방법으로 조작하는 것을 말한다.

③ "정확히 취한다"고 함은 액체성분의 양을 홀피펫, 메스플라스크 등으로 조작하는 것이다.

④ "함량이 될 때까지 건조한다"함은 한 시간 더 건조할 때 전후 무게의 차가 매 g당 0.3 mg이하 일 때를 말한다.

22. 다음 용기에 관한 설명이다. 틀린 것은?

① 밀폐용기란 물질을 취급 보관하는 중에 이물이 들어가거나 내용물이 손실되지 않도록 보호하는 용기이다.

② 밀봉용기란 가스가 새지 않도록 한 용기이다.

③ 차광용기란 내용물을 햇빛으로부터 보호하는 용기이다.

④ 기밀용기란 공기 또는 다른 가스가 침입하지 않도록 한 용기이다.

☑ 해설) 밀봉용기란 내용물을 미생물의 침입으로부터 보호한다.

23. NaCl 8 g을 4℃물 100 mL에 용해시킨 용약의 중량 %농도는 얼마인가?

① 6.0% ② 7.4% ③ 8.0% ④ 8.4%

☑ 해설) $\frac{8}{100+8} \times 100 = 7.4\%$

24. NaOH 16 g을 물에 용해하여 800 mL로 만들었다. 이 용액은 몇 N-NaOH 용액인가 ? (단, NaOH = 40)

① 0.1 N ② 0.5 N ③ 1 N ④ 5 N

☑ 해설) 용액 1 L중의 NaOH량 = $\frac{16}{800} \times 1000 = 20\text{ g}$

$$\text{NaOH 규정도} = \frac{20}{40} = 0.5\text{ N}$$

25. 연소배출시설에서 배출되는 오염물질의 허용기준 농도를 이론공기량 (공기비1:1)로 환산하여 판정하는 오염물질은 어느 것인가?

① CO ② NO_2 ③ HCl ④ SOx

☑ 해설) 현행 공정시험법에는 연소배출에서 배출되는 오염물질의 허용기준 농도를 이온 공기량(공기비 1:1)으로 환산하여 표시하는 물질은 황산화물(SOx)과 분진이다.

26. 시험결과의 표시 및 검토에 관한 설명 중 잘못된 것은?

① 가스상 성분은 ppm 또는 ppb (V/V)으로 나타낸다.

② 입자상 성분은 ㎎/㎥ 또는 ㎍/㎥으로 나타낸다.

③ 시험성적수치는 마지막 유효숫자의 다음 단위까지 계산하여 기록한다.

④ 얻어진 성적이 기대한 정밀도 및 오차범위 내에서 만족하고 있는가에 대하여는 감정, 비교분석, 기타 적당한 방법으로 확인하여야 한다.

☑ 해설) 반드시 계산하여 KS A-0021 (수치의 맺음법)에 따라 기록하여야 한다.

27. 대기오염을 측정함에 있어 일반적으로 유의할 점이 아닌 것은?

① 측정자료의 선정

② 측정항목의 선정

③ 측정지점의 선정

④ 측정방법의 선정

28. 취급 또는 저장하는 동안에 밖으로부터의 공기나 다른 가스가 침입하지 못하도록 내용물을 보호하는 용기는?

① 기밀용기 ② 말폐용기 ③ 차광용기 ④ 밀봉용기

29. 흡광광도법에서 Lambert-Beer의 법칙에 관계되는 식은?

① $I_t = I_0 \times 10^{-\varepsilon CL}$

② $I_0 = I_t \times 10^{-\varepsilon CL}$

③ $I_t = -\varepsilon CL \times 10^{-I0}$

④ $I_0 = \varepsilon CL \times 10^{-It}$

30. 강도 I_0의 단색광이 정색액을 통과할 때 그 빛의80%가 흡수되었다면 흡광도는?

① 0.097 ② 0.347 ③ 0.698 ④ 80

31. 다음 중 램버어트 비어(Lambert-Beer)의 법칙을 나타낸 식은?

① $I_0 = I_t\, 10^{-\varepsilon cb}$ ② $I_t = I_0\, 10^{-\varepsilon cb}$ ③ $I_0 = I_t\, 10^{\varepsilon cb}$ ④ $I_t = I_0\, 10^{\varepsilon cb}$

32. 흡광광도법에서 농도가 서로 다른 여러 단계의 표준액을 취하여 시료용액과 같은 방법으로 처리하여 농도와 흡광도와의 관계선을 그린 것을 무엇이라 하는가?

① 흡광광도선　② 조작선　③ 농도곡선　④ 검량선

33. 다음은 흡광광도법에 관한 설명이다. 틀린 것은?

① 흡수셀의 선택은 측정파장이 370 nm 이상일 때는 석영 또는 유리셀을, 370 nm 이하일 때는 석영셀을 사용한다.

② 흡광공도법의 광원은 가시부에서 텅스텐 램프를 사용한다.

③ 자외부와 근적외부에서의 광원은 중수소방전관을 쓴다.

④ 대조액으로는 용매, 바탕시험 등을 사용한다.

34. 흡광광도법에 관한 설명이다. 틀린 것은? (단, I_o : 입사광의 강도, I_t : 투사광의 강도)

① 흡광공도법은 램버트비어법칙을 응용한 것이다.

② I_t/I_0를 투과도(t)라 한다.

③ 투과도(t)를 백분율로 표시한 것을 투과퍼센트라 한다.

④ $I_0/I_t \times 100$을 흡광도(A)라 한다.

35. 원자흡광광도법에 의한 분석 장치와 관계없는 것은?

① 광원부　② 시료원자학부　③ 고주파전원부　④ 단색화부

36. 흡광광도법에서 파장눈금의 교정에 사용하는 광원의 종류가 아닌 것은?

① 수소 방전관　② 중수소 방전관

③ 석영 저압수은 방전관　④ 중공음극 방전관

37. 흡광광도법에 의한 실험결과표이다. 빈칸을 채우시오.

Solutions	A	t	T(%t)
K-1	0.682	①	②
K-2	③	0.217	21.7

38. 분광광도계의 광원 중에서 중수소 램프는 어느 광선 범위에서 사용하는 광원인가?

39. 분광광도법에서 텅스텐 램프는 어느 광선 범위에서 사용하는 광원인가?

40. 분광광도법으로 어떤 시료의 흡광도를 측정할 때 흡수스펙트럼의 X축에 나타내는 것은?

41. 다음 내용은 무슨 법칙인가?

용액 층의 길이가 같은 경우 색의 세기는 용액의 농도에 비례한다.

42. 표준용액으로부터 흡광도와 농도의 관계를 나타낸 그래프를 무엇이라 하는가?

43. 흡광도와 농도의 관계그래프에서 X, Y 축에 각각 무엇을 나타내어야 하는가?

44. 어떤 시료가 자외선, 가시광선 영역에서 거의 흡수되지 않을 때에는 적당한 시약을 넣어서 흡수되는 화합물로 변화시켜야 되는데 이때 넣어주는 시약을 무엇이라 하는가?

45. 흡광도, A=c·ε·L에서 ε이 의미하는 것은?

46. 시료를 통과한 광의 세기를 측정하는 장치를 무엇이라 하는가?

47. 일정한 농도의 용액을 가지고 파장을 변화시키며 흡광도를 측정하여 X축에는 파장, Y축에는 흡광도를 나타낸 그래프를 무엇이라 하는가?

정답

1.③	2.②	3.①	4.④	5.①	6.②	7.②	8.③	9.②	10.④
11.②	12.①	13.④	14.③	15.④	16.④	17.②	18.②	19.①	20.③
21.①	22.②	23.②	24.②	25.④	26.③	27.①	28.①	29.①	30.③
31.②	32.④	33.③	34.④	35.③	36.④	37. ①-0.208 ②-20.8 ③-0.664			

38.자외선　39.가시광선　40.파장　41.Beer의 법칙　42.검량선

43.X축-농도, Y축-흡광도　44.발색시약　45.몰흡광계수　46.검출기　47.흡수스펙트럼

Chapter 3
수질분야 항목별 공정시험법

3.1 수질오염공정시험 시료채취 및 보존방법

3.2 채취시료의 전처리

3.3 부유물질(SS, Suspended Solids) 측정

3.4 수소이온농도(pH, Potential of Hydrogen)

3.5 암모니아성 질소(Ammonia Nitrogen) 측정

3.6 총질소(Total Nitrogen) 측정

3.7 총인(Total Phosphorus) 측정

3.8 철(Fe) 측정

❖ 실험실습

3.1 수질오염공정시험 시료채취 및 보존방법

시료 채취는 수질을 정확히 대표하고 실험실에 도착할 때까지 조성의 변화가 일어나지 않도록 하여야 한다. 일반적으로 시료 채취와 보존은 법적인 요구사항이므로 규정에 따라 실시한다.

대부분 지표수, 지하수, 오수, 도시하수, 산업폐수 등의 시료채취에 적용한다.

1 배출허용기준 적합여부 판정을 위한 시료채취

배출허용기준 적합여부 판정을 위하여 채취하는 시료는 시료의 성상, 유량, 유속 등의 시간에 따른 변화를 고려하여 현장 물의 성질을 대표할 수 있도록 채취하여야 하며, 복수채취를 원칙으로 한다. 단, 신속한 대응이 필요한 경우 등 복수채취가 불합리한 경우에는 예외로 할 수 있다.

① 복수 시료채취방법 등

- 수동으로 시료를 채취할 경우에는 30분 이상 간격으로 2회 이상 채취 (composite sample)하여 일정량의 단일시료로 한다. 단, 부득이한 사유로 6시간 이상 간격으로 채취한 시료는 각각 측정분석한 후 산술평균하여 측정분석값을 산출한다(2개 이상의 시료를 각각 측정분석한 후 산술평균한 결과 배출허용기준을 초과한 경우의 위반일 적용은 최초 배출허용기준이 초과된 시료의 채취일을 기준으로 한다).
- 자동시료채취기로 시료를 채취할 경우에는 6시간 이내에 30분 이상 간격으로 2회 이상 채취 (composite sample)하여 일정량의 단일 시료로 한다.
- 수소이온농도 (pH), 수온 등 현장에서 즉시 측정하여야 하는 항목인 경우에는 30분 이상 간격으로 2회 이상 측정한 후 산술평균하여 측정값을 산출한다 (단, pH의 경우 2회 이상 측정한 값을 pH 7을 기준으로 산과 알칼리로 구분하여 평균값을 산정하고 산정한 평균값 중 배출허용기준을 많이 초과한 평균값을 측정분석값으로 함).
- 시안 (CN), 노말헥산추출물질, 대장균군 등 시료채취기구 등에 의하여 시료의 성분이 유실 또는 변질 등의 우려가 있는 경우에는 30분 이상 간격으로 2개 이상의 시료를 채취하여 각각 분석한 후 산술평균하여 분석값을 산출한다. 단, 복수 시료채취 과정에서 시료성분의 유실 또는 변질 등의 우려가 없는 경우에는 단일 시료의 방법으로 할 수 있다.

② 복수 시료채취방법 적용을 제외할 수 있는 경우

- 환경오염사고 또는 취약시간대 (일요일, 공휴일 및 평일 18:00~09:00 등)의 환경오염감시 등 신속한 대응이 필요한 경우 제외할 수 있다.
- 물환경보전법 제38조 제1항의 규정에 의한 비정상적인 행위를 할 경우 제외할 수 있다.
- 사업장 내에서 발생하는 폐수를 회분식 (batch식) 등 간헐적으로 처리하여 방류하는 경우 제외할 수 있다.
- 기타 부득이 복수시료를 채취할 수 없을 경우 제외할 수 있다.

2 시료채취시 유의사항

① 시료는 목적 시료의 성질을 대표할 수 있는 위치에서 시료채취용기 또는 채수기를 사용하여 채취하여야 한다.

② 시료 채취 용기는 시료를 채우기 전에 시료로 3회 이상 씻은 다음 사용하며, 시료를 채울 때에는 어떠한 경우에도 시료의 교란이 일어나서는 안 되며 가능한 한 공기와 접촉하는 시간을 짧게 하여 채취한다.

③ 시료채취량은 시험항목 및 시험횟수에 따라 차이가 있으나 보통 3~5 L정도이어야 한다. 다만, 시료를 즉시 실험할 수 없어 보존하여야 할 경우 또는 시험항목에 따라 각각 다른 채취용기를 사용하여야 할 경우에는 시료채취량을 적절히 증감할 수 있다.

④ 시료 채취 시에 시료채취시간, 보존제 사용여부, 매질 등 분석결과에 영향을 미칠 수 있는 사항을 기재하여 분석자가 참고할 수 있도록 한다.

⑤ 용존가스, 환원성 물질, 휘발성 유기화합물, 냄새, 유류 및 수소이온 등을 측정하기 위한 시료를 채취할 때에는 운반중 공기와의 접촉이 없도록 시료 용기에 가득 채운 후 빠르게 뚜껑을 닫는다.

- 휘발성 유기화합물 분석용 시료를 채취할 때에는 뚜껑의 격막을 만지지 않도록 주의 하여야 한다.
- 병을 뒤집어 공기방울이 확인되면 다시 채취해야한다.

⑥ 현장에서 용존산소 측정이 어려운 경우에는 시료를 가득 채운 300 mL BOD병에 황산망간 용액 1 mL와 알칼리성 요오드화칼륨-아자이드화나트륨 용액 1 mL를 넣고 기포가 남지 않게 조심하여 마개를 닫고 수회 병을 회전하고 암소에 보관하여 8시간 이내 측정한다.

⑦ 유류 또는 부유물질 등이 함유된 시료는 시료의 균일성이 유지될 수 있도록 채취해야 하며, 침전물 등이 부상하여 혼입되어서는 안 된다.

⑧ 지하수 시료는 취수정 내에 고여 있는 물과 원래 지하수의 성상이 달라질 수 있으므로 고여 있는 물을 충분히 퍼낸 다음 새로 나온 물을 채취한다. 이 경우 퍼내는 양은 고여 있는 물의 4~5배 정도이나 pH 및 전기전도도를 연속적으로 측정하여 이 값이 평형을 이룰 때까지로 한다.

⑨ 지하수 시료채취 시 심부층의 경우 저속양수펌프 등을 이용하여 반드시 저속시료채취하여 시료 교란을 최소화하여야 하며, 천부층의 경우 저속양수펌프 또는 정량이송펌프 등을 사용한다.

⑩ 냄새 측정을 위한 시료채취 시 유리기구류는 사용 직전에 새로 세척하여 사용한다. 먼저 냄새 없는 세제로 닦은 후 정제수로 닦아 사용하고, 고무 또는 플라스틱 재질의 마개는 사용하지 않는다.

⑪ 총유기탄소를 측정하기 위한 시료 채취 시 시료병은 가능한 외부의 오염이 없어야 하며, 이를 확인하기 위해 바탕시료를 시험해 본다. 시료병은 폴리테트라플루우오로에틸렌 (PTFE, polytetrafluoroethylene)으로 처리된 고무마개를 사용하며, 암소에서 보관하며 깨끗하지 않은 시료병은 사용하기 전에는 산세척하고, 알루미늄호일로 포장하여 400℃ 회화로에서 1시간 이상 구워 냉각한 것을 사용한다.

⑫ 퍼클로레이트를 측정하기 위한 시료채취 시 시료 용기를 질산 및 정제수로 씻은 후 사용하며, 시료채취 시 시료병의 2/3를 채운다.

⑬ 저농도 수은 (0.0002 mg/L 이하)시료를 채취하기 위한 시료 용기는 채취 전에 미리 다음과 같이 준비한다. 우선 염산용액 (4 M)이나 진한질산을 채워 내산성 플라스틱 덮개를 이용하여 오목한부분이 밑에 오도록 덮고 가열판을 이용하여 48시간 동안 65~75℃가 되도록 한다 (후두에서 실시한다). 실온으로 식힌 후 정제수로 3회 이상 헹구고, 염산용액 (1%) 세정수로 다시 채운다. 마개를 막고 60~70℃ 에서 하루 이상 부식성에 강한 깨끗한 오븐에 보관한다. 실온으로 다시

식힌 후 정제수로 3회 이상 헹구고, 염산용액 (0.4%)로 채워서 클린벤치에 넣고 용기 외벽을 완전히 건조시킨다. 건조된 용기를 밀봉하여 폴리에틸렌 지퍼백으로 이중 포장하고 사용시까지 플라스틱이나 목재상자에 넣어 보관한다.

⑭ 다이에틸헥실프탈레이트를 측정하기 위한 시료채취 시 스테인레스강이나 유리 재질의 시료채취기를 사용한다. 플라스틱 시료채취기나 튜브 사용을 피하고 불가피한 경우 시료 채취량의 5배 이상을 흘려보낸 다음 채취하며, 갈색 유리병에 시료를 공간이 없도록 채우고 폴리테트라플루오로에틸렌 (PTFE, polytetrafluoroethylene) 마개 (또는 알루미늄 호일)나 유리마개로 밀봉한다. 시료병을 미리 시료로 헹구지 않는다.

⑮ 1.4-다이옥산, 염화비닐, 아크릴로니트릴, 브로모폼을 측정하기 위한 시료용기는 갈색유리병을 사용하고, 사용 전 미리 질산 및 정제수로 씻은 다음, 아세톤으로 세정한 후 120℃에서 2시간 정도 가열한 후 방냉하여 준비한다. 시료에 산을 가하였을 때에 거품이 생기면 그 시료는 버리고 산을 가하지 않은 시료를 채취한다.

⑯ 미생물 시료는 멸균된 용기를 이용하여 무균적으로 채취하여야 하며, 시료채취직전에 물속에서 채수병의 뚜껑을 열고 폴리글로브를 착용하는 등 신체접촉에 의한 오염이 발생하지 않도록 유의하여야 한다.

⑰ 물벼룩 급성 독성을 측정하기 위한 시료용기와 배양용기는 자주 사용하는 경우 내벽에 석회성분이 침적되므로 주기적으로 묽은 염산 용액에 담가 제거한 후 세척하여 사용하고, 농약, 휘발성 유기화합물, 기름 성분이 시험수에 포함된 경우에는 시험 후 시험용기 세척 시 '뜨거운 비눗물 세척-헹굼-아세톤 세척-헹굼' 과정을 추가한다. 시험수의 유해성이 금속성분에 기인한다고 판단되는 경우, 시험 후 시험용기 세척 시 '묽은 염산 (10%) 세척 혹은 질산용액 세척-헹굼' 과정을 추가한다.

⑱ 식물성 플랑크톤을 측정하기위한 시료 채취 시 플랑크톤 네트 (mesh size 25 μm)를 이용한 정성채집과, 반돈 (Van-Dorn) 채수기 또는 채수병을 이용한 정량채집을 병행한다. 정성 채집시 플랑크톤 네트는 수평 및 수직으로 수회씩 끌어 채집한다.

⑲ 채취된 시료는 즉시 실험하여야 하며, 그렇지 못한 경우에는 5.0 시료의 보존방법에 따라 보존하고 규정된 시간 내에 실험하여야 한다.

3 시료 채취지점

① 배출시설 등의 폐수

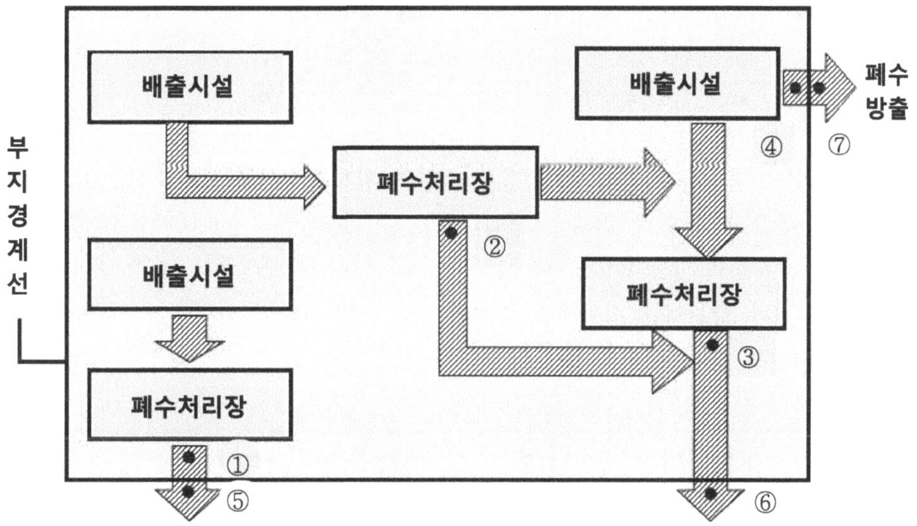

- 당연 채취지점 : ① ② ③ ④
- 필요시 채취지점 : ⑤ ⑥ ⑦

① ② ③ : 방지시설 최초 방류지점

④ : 배출시설 최초 방류지점(방지시설을 거치지 않을 경우)

⑤ ⑥ ⑦ : 부지경계선 외부 배출수로

[그림 3.1] 시료채취저점.

폐수의 성질을 대표할 수 있는 곳 그림 3.1에서 채취하며 폐수의 방류수로가 한 지점 이상일 때에는 각 수로별로 채취하여 별개의 시료로 하며 필요에 따라 부지 경계선 외부의 배출구 수로에서도 채취할 수 있다. 시료 채취 시 우수나 조업목적 이외의 물이 포함되지 말아야 한다.

② 하천수

하천수의 오염 및 용수의 목적에 따라 채수지점을 선정하며 하천본류와 하전지류가 합류하는 경우에는 그림 3.2의 합류이전의 각 지점과 합류이후 충분히 혼합된 지점에서 각각 채수한다.

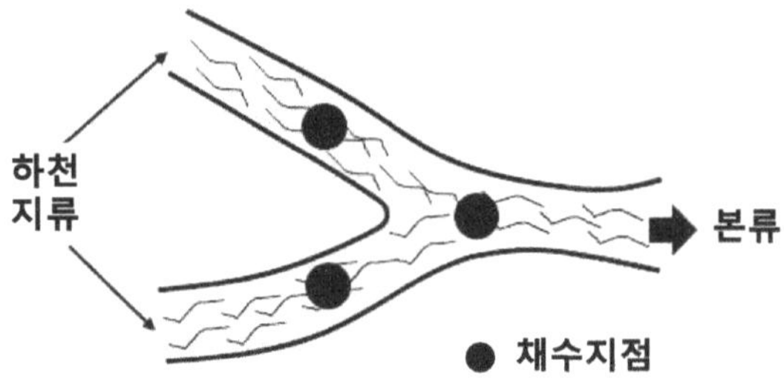

[그림 3.2] 하천지류 및 본류의 채수지점.

하천의 단면에서 수심이 가장 깊은 수면의 지점과 그 지점을 중심으로 하여 좌우로 수면폭을 2등분한 각각의 지점의 수면으로 부터 수심 2 m미만일 때에는 수심의 1/3에서, 수심이 2 m이상일 때에는 수심의 1/3 및 2/3에서 각각 채수한다(그림 3.3). 이외의 경우에는 시료채취 목적에 따라 필요하다고 판단되는 지점 및 위치에서 채수한다.

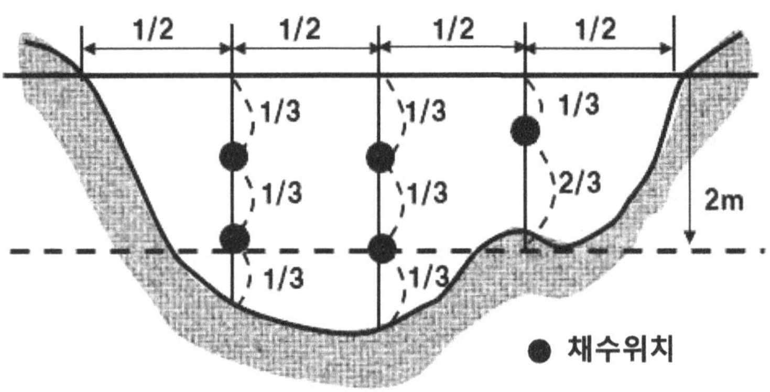

[그림 3.3] 하천 단면에 의한 채수위치.

4 시료의 보존방법

채취된 시료를 즉시 실험할 수 없을 때에는 따로 규정이 없는 한 표 3.1의 보존방법에 따라 보존하고 어떠한 경우에도 보존기간 이내에 실험을 끝내야 한다.

[표 3.1] 보존방법

<table>
<tr><th colspan="2">항목</th><th>시료용기[1]</th><th>보존방법</th><th>최대보존기간
(권장보존기간)</th></tr>
<tr><td colspan="2">냄새</td><td>G</td><td>가능한 한 즉시 분석 또는 냉장 보관</td><td>6시간</td></tr>
<tr><td colspan="2">노말헥산추출물질</td><td>G</td><td>4℃ 보관, H_2SO_4로 pH 2 이하</td><td>28일</td></tr>
<tr><td colspan="2">부유물질</td><td>P, G</td><td>4℃ 보관</td><td>7일</td></tr>
<tr><td colspan="2">색도</td><td>P, G</td><td>4℃ 보관</td><td>48시간</td></tr>
<tr><td colspan="2">생물화학적
산소요구량</td><td>P, G</td><td>4℃ 보관</td><td>48시간
(6시간)</td></tr>
<tr><td colspan="2">수소이온농도</td><td>P, G</td><td>-</td><td>즉시 측정</td></tr>
<tr><td colspan="2">온도</td><td>P, G</td><td>-</td><td>즉시 측정</td></tr>
<tr><td rowspan="2">용존산소</td><td>적정법</td><td>BOD병</td><td>즉시 용존산소 고정 후 암소 보관</td><td>8시간</td></tr>
<tr><td>전극법</td><td>BOD병</td><td>-</td><td>즉시 측정</td></tr>
<tr><td colspan="2">잔류염소</td><td>G(갈색)</td><td>즉시 분석</td><td>-</td></tr>
<tr><td colspan="2">전기전도도</td><td>P, G</td><td>4℃ 보관</td><td>24시간</td></tr>
<tr><td colspan="2">총 유기탄소
(용존유기탄소)</td><td>P, G</td><td>즉시 분석 또는 HCl 또는 H_3PO_4 또는 H_2SO_4를 가한 후($pH<2$) 4℃ 냉암소에서 보관</td><td>28일(7일)</td></tr>
<tr><td colspan="2">클로로필 a</td><td>P, G</td><td>즉시 여과하여 -20℃ 이하에서 보관</td><td>7일(24시간)</td></tr>
<tr><td colspan="2">탁도</td><td>P, G</td><td>4℃ 냉암소에서 보관</td><td>48시간
(24시간)</td></tr>
<tr><td colspan="2">투명도</td><td>-</td><td>-</td><td>-</td></tr>
<tr><td colspan="2">화학적 산소요구량</td><td>P, G</td><td>4℃ 보관, H_2SO_4로 pH 2이하</td><td>28일(7일)</td></tr>
<tr><td colspan="2">불소</td><td>P</td><td>-</td><td>28일</td></tr>
<tr><td colspan="2">브롬이온</td><td>P, G</td><td>-</td><td>28일</td></tr>
</table>

(표 계속)

항목	시료용기[1]	보존방법	최대보존기간(권장보존기간)
시안	P, G	4℃ 보관, NaOH로 pH 12이상	14일(24시간)
아질산성 질소	P, G	4℃ 보관	48시간(즉시)
암모니아성 질소	P, G	4℃ 보관, H_2SO_4로 pH 2이하	28일(7일)
염소이온	P, G	-	28일
음이온계면활성제	P, G	4℃ 보관	48시간
인산염인	P, G	즉시 여과한후 4℃ 보관	48시간
질산성 질소	P, G	4℃ 보관	48시간
총인(용존 총인)	P, G	4℃ 보관, H_2SO_4로 pH 2이하	28일
총질소(용존 총질소)	P, G	4℃ 보관, H_2SO_4로 pH 2이하	28일(7일)
퍼클로레이트	P, G	6℃ 이하 보관, 현장에서 멸균된 여과지로 여과	28일
페놀류	G	4℃ 보관, H_3PO_4로 pH 4이하 조정한 후 시료 1 L 당 $CuSO_4$ 1 g 첨가	28일
황산이온	P, G	6℃ 이하 보관	28일(48시간)
금속류(일반)	P, G	시료 1 L 당 HNO_3 2 mL 첨가	6개월
비소	P, G	1 L당 HNO_3 1.5 mL로 pH 2 이하	6개월
셀레늄	P, G	1 L당 HNO_3 1.5 mL로 pH 2 이하	6개월
수은(0.2 μg/L 이하)	P, G	1 L당 HCl(12 M) 5 mL 첨가	28일
6가크롬	P, G	4℃ 보관	24시간
알킬수은	P, G	HNO_3 2 mL/L	1개월

(표 계속)

항목	시료용기[1]	보존방법	최대보존기간 (권장보존기간)
다이에틸헥실프탈레이트	G(갈색)	4℃ 보관	7일(추출 후 40일)
1.4-다이옥산	G(갈색)	HCl(1+1)을 시료 10 mL당 1~2 방울씩 가하여 pH 2이하	14일
염화비닐, 아크릴로니트릴, 브로모폼	G(갈색)	HCl(1+1)을 시료 10 mL당 1~2 방울씩 가하여 pH 2이하	14일
석유계총탄화수소	G(갈색)	4℃ 보관, H_2SO_4 또는 HCl으로 pH 2 이하	7일 이내 추출, 추출 후 40일
유기인	G	4℃ 보관, HCl로 pH 5~9	7일(추출 후 40일)
폴리클로리네이티드비페닐(PCB)	G	4℃ 보관, HCl로 pH 5~9	7일(추출 후 40일)
휘발성유기화합물	G	냉장보관 또는 HCl을 가해 pH<2로 조정 후 4℃보관 냉암소보관	7일 (추출 후 14일)
총대장균군 – 환경기준 적용시료	P, G	저온(10℃이하)	24시간
총대장균군 – 배출허용기준 및 방류수 기준 적용시료	P, G	저온(10℃이하)	6시간
분원성 대장균군	P, G	저온(10℃ 이하)	24시간
대장균	P, G	저온(10℃ 이하)	24시간
물벼룩 급성 독성	G	4℃ 보관	36시간
식물성 플랑크톤	P, G	즉시 분석 또는 포르말린용액을 시료의 (3~5)% 가하거나 글루타르알데하이드 또는 루골용액을 시료의 (1~2)% 가하여 냉암소보관	6개월

※ 시료용기[1] P : polyethylene, G : glass

- 클로로필a 분석용 시료는 즉시 여과하여 여과한 여과지를 알루미늄 호일로 싸서 -20℃이하에서 보관한다. 여과한 여과지는 상온에서 3시간까지 보관할 수 있으며, 냉동 보관시에는 25일까지 가능하다. 즉시 여과할 수 없다면 시료를 빛이 차단된 암소에서 4℃이하로 냉장하여 보관하고 채수 후 24시간 이내에 여과하여야 한다.
- 시안 분석용 시료에 잔류염소가 공존할 경우 시료 1 L 당 아스코빈산 1 g을 첨가하고, 산화제가 공존할 경우에는 시안을 파괴할 수 있으므로 채수즉시 이산화비소산나트륨 또는 티오황산나트륨을 시료 1 L 당 0.6 g을 첨가한다.
- 암모니아성 질소 분석용 시료에 잔류염소가 공존할 경우 증류과정에서 암모니아가 산화되어 제거될 수 있으므로 시료채취 즉시 티오황산나트륨용액(0.09%)을 첨가한다(티오황산나트륨용액(0.09%) 1 mL를 첨가하면 시료 1 L 중 2 mg 잔류염소를 제거할 수 있다).
- 페놀류 분석용 시료에 산화제가 공존할 경우 채수 즉시 황산암모늄철용액을 첨가한다.
- 비소와 셀레늄 분석용 시료를 pH 2 이하로 조정할 때에는 질산(1+1)을 사용할 수 있으며, 시료가 알칼리화되어 있거나 완충효과가 있다면 첨가하는 산의 양을 질산(1+1) 5 mL 까지 늘려야 한다.
- 저농도 수은(0.0002 mg/L 이하) 분석용 시료는 보관기간 동안 수은이 시료 중의 유기성 물질과 결합하거나 벽면에 흡착될 수 있으므로 가능한 빠른 시간 내 분석하여야 하고, 용기 내 흡착을 최대한 억제하기 위하여 산화제인 브롬산/브롬용액(0.1 N)을 분석하기 24시간 전에 첨가한다.
- 다이에틸헥실프탈레이트 분석용 시료에 잔류염소가 공존할 경우 시료 1 L 당 티오황산나트륨을 80 mg 첨가한다.
- 1,4-다이옥산, 염화비닐, 아크릴로니트릴 및 브로모폼 분석용 시료에 잔류염소가 공존할 경우 시료 40 mL(잔류염소 농도 5 mg/L 이하) 당 티오황산나트륨 3 mg 또는 아스코빈산 25 mg을 첨가하거나 시료 1 L 당 염화암모늄 10 mg을 첨가한다.
- 휘발성유기화합물 분석용 시료에 잔류염소가 공존할 경우 시료 1 L 당 아스코빈산 1 g을 첨가한다.
- 식물성 플랑크톤을 즉시 시험하는 것이 어려울 경우 포르말린용액을 시료의 (3~5)% 가하여 보존한다. 침강성이 좋지 않은 남조류나 파괴되기 쉬운 와편모조류와 황갈조류 등은 글루타르알데하이드나 루골용액을 시료의 (1~2)% 가하여 보존한다.

[표 3.2] 시료량 및 보관조건

항목	권장용기량 (mL)	용기재질	보관조건	권장보존기간*
입도	250	플라스틱	4℃ 냉장	6개월
COD_{sed}, TOC, TN, TP, SRP	100	플라스틱/유리	냉동(권장) 또는 4℃ 냉장	냉동 시 6개월
함수율, 완전연소가능량	100	플라스틱	냉동(권장) 또는 4℃ 냉장	냉동 시 6개월
PCBs, PAHs, DDTs	500	갈색유리 (PTFE 격막 마개)	냉동(권장) 또는 4℃ 냉장	냉동 시 1년
VOCs	5 g(바이알당), 시료당 바이알 4개	헤드스페이스 바이알(40 ml)	4℃ 냉장	7일

* 냉장 보관한 시료와 추출한 시료의 경우 수질오염공정시험방법의 ES 04130.1 표1. 시료의 보존방법의 권장보존기간을 적용한다.

3.2 채취시료의 전처리

채취된 시료에는 보통 유기물 및 부유물질 등을 함유하고 있어 탁하거나 색상을 띠고 있는 경우가 있을 뿐 만 아니라 목적성분들이 흡착되어 있거나 난분해성의 착화합물 또는 착이온 상태로 존재하는 경우가 있기 때문에 실험의 목적에 따라 적당한 방법으로 전처리를 한 다음 실험하여야 한다. 특히 금속성분을 측정하기 위한 시료일 경우에는 유기물 등을 분해시킬 수 있는 전처리 조작이 필수적이며, 전처리에 사용되는 시약은 목적성분을 함유하지 않은 고순도의 것을 사용하여야 한다.

수질오염공정시험기준상 원자흡수분광광도법, 유도결합플라스마-원자발광분광법, 유도결합플라스마-질량분석법, 양극벗김전압전류법, 자외선/가시선 분광법을 위한 금속측정용 시료의 전처리에 사용한다.

1 전처리 용어정의

① 산분해법

시료에 산을 첨가하고 가열하여 시료 중의 유기물 및 방해물질을 제거하는 방법이다. 이 과정에서 시료 중의 유기물 및 방해물질은 산에 의해 분해되고 이들과 착화합물을 형성하고 있던 중금속류는 이온 상태로 시료 중에 존재하게 된다.

② 마이크로파 산분해법

전반적인 처리 절차 및 원리는 산분해법과 같으나 마이크로파를 이용해서 시료를 가열하는 것이 다르다. 마이크로파를 이용하여 시료를 가열할 경우 고온 고압 하에서 조작할 수 있어 전처리 효율이 좋아진다.

③ 용매추출법

시료에 적당한 착화제를 첨가하여 시료 중의 금속류와 착화합물을 형성시킨 다음 형성된 착화합물을 유기용매로 추출하여 분석하는 방법이다. 이 방법은 시료 중의 분석대상물의 농도가 낮거나 복잡한 매질 중에서 분석대상물만을 선택적으로 추출하여 분석 하고자 할 때 사용한다.

2 산분해법(Acid digestion)

① 질산법

- 이 방법은 유기함량이 비교적 높지 않은 시료의 전처리에 사용한다.
- 시료 100 mL 이상 취하여 플라스크 또는 비커에 넣고 질산 5 mL와 끓임쪽 4~5개를 넣은 다음 서서히 가열하여 액량이 10~20 mL가 될 때까지 증발농축하고 방치하여 냉각한다. 시료색이 맑아질 때까지 질산을 추가하여 증발 농축하는 과정을 반복한다. 이 때, 시료가 완전히 건조되지 않도록 한다(비커 사용 시 시계접시로 뚜껑을 덮는다).
- 걸러내어 거름종이를 정제수로 2~3회 씻어주고 여과액과 씻은 액을 100 mL 부피플라스크에 넣어 정확히 100 mL로 한다(반드시 거를 필요는 없으나 가능한 권장한다).

② 질산-염산법

- 이 방법은 유기물 함량이 비교적 높지 않고 금속의 수산화물, 산화물, 인산염 및 황화물을 함유하고 있는 시료에 적용되며 휘발성 또는 난용성 염화물을 생성하는 금속 물질의 분석에는 주의한다.
- 시료 적당량 (100~500 mL)을 취하여 비커에 넣고 질산 3 mL와 끓임쪽 4~5개를 넣은 다음 서서히 가열하여 액량이 약 5 mL가 될 때까지 증발 농축하고 냉각한다.
- 다시 진한질산 5 mL를 넣고 시계접시로 비커를 덮은 상태에서 서서히 가열하여 액이 거의 건고되는 부근까지 증발농축하고 방치하여 냉각한다. 여기에 염산(1+1) 10 mL와 정제수 15 mL를 넣고 약 15분간 가열하여 잔류물을 녹인 다음 시계접시와 비커의 벽을 정제수로 씻어서 합한다.
- 필요하면 거르고 거름종이를 정제수로 2~3회 씻은 다음 여과액과 씻은 액을 합하여 정확히 100 mL로 한다.

③ 질산-황산법

- 이 방법은 유기물 등을 많이 함유하고 있는 대부분의 시료에 적용된다. 그러나 칼슘, 바륨, 납 등을 다량 함유한 시료는 난용성의 황산염을 생성하여 다른 금속성분을 흡착하므로 주의한다.
- 시료 적당량 (100~500 mL)을 취하여 비커 또는 킬달플라스크에 넣고 여기에 질산 5 mL와 끓임쪽 4~5개를 넣은 다음 서서히 가열하여 액량이 15~20 mL가 될 때까지 증발농축하고 냉각한다.

- 질산 5 mL를 넣고 서서히 가열하고 냉각한다.
- 다시 황산 10 mL를 넣고 가열을 계속하여 백색의 황산가스가 발생하기 시작하면 가열을 중지한다.
- 이 때 유기물의 분해가 완전히 끝나지 않아 액이 맑지 않을 때에는 다시 질산 10 mL를 넣고 황산가스가 나올 때까지 가열한다.
- 분해가 끝나면 냉각하고, 정제수 50 mL를 넣어 끓기 직전까지 서서히 가열하여 침전된 용해성염들을 녹인다.
- 다시 냉각하여 필요하면 거르고 거름종이를 정제수로 2~3회 씻어준 다음 여과액과 씻은 액을 합하여 정확히 100 mL로 한다.

④ 질산-과염소산법

- 이 방법은 유기물을 다량 함유하고 있으면서 산분해가 어려운 시료에 적용된다.
- 시료 적당량 (100~500 mL)을 취하여 비커 또는 킬달플라스크에 넣고 여기에 질산 5 mL와 끓임쪽 4~5 개를 넣은 다음 서서히 가열하여 액량이 15~20 mL가 될 때까지 증발농축하고 냉각한다.
- 질산 5 mL를 넣고 가열 후 냉각한다.
- 다시 과염소산 10 mL를 넣고 가열을 계속하여 과염소산이 분해되어 백연이 발생하기 시작하면 가열을 중지한다.

  (과염소산을 넣을 경우 질산이 공존하지 않으면 폭발할 위험이 있으므로 반드시 질산을 먼저 넣어주어야 하며, 어떠한 경우에도 유기물을 함유한 뜨거운 용액에 과염소산을 넣어서는 안 된다.)
- 이 때 유기물의 분해가 완전히 끝나지 않아 액이 맑지 않을 때에는 다시 질산 5 mL를 넣고 가열을 반복한다.

  (납을 측정할 경우, 시료 중에 황산이온 (SO_4^{2-})이 다량 존재하면 불용성의 황산납이 생성되어 측정값에 손실을 가져온다. 이때는 분해가 끝난 액에 정제수 대신 아세트산암모늄 (5→6) 50 mL를 넣고 가열하여 액이 끓기 시작하면 비커 또는 킬달플라스크를 회전시켜 내벽을 액으로 충분히 씻어준 다음 약 5분 동안 가열을 계속하고 방치하여 냉각하여 거른다.)
- 분해가 끝나면 냉각하고 정제수 50 mL를 넣어 서서히 끓이면서 질산화물 및 유리염소를 완전히 제거한다. 필요하면 여과하고 거름종이를 정제수로 2~3회 씻어준 다음 여과액과 씻은 액을 합하여 정확히 100 mL로 한다.

⑤ 질산-과염소산-불화수소산

- 이 방법은 다량의 점토질 또는 규산염을 함유한 시료에 적용된다. 시료 적당량(100~500 mL)를 취하여 비커에 넣고 여기에 유리구 4~5개를 넣은 다음 서서히 가열하여 액량이 약 15 mL가 될 때까지 증발 농축하고 냉각한다.
- 비커에 있는 액을 폴리테트라플루오로에틸렌 (PTFE, polytetrafluoroethylene) 비커 또는 백금도가니에 옮기고 비커의 기벽에 붙어있는 부착물을 물로 깨끗이 씻어 합한 다음 질산 10 mL를 넣어 거의 액이 건고 할 때까지 가열하고 냉각한다.
- 과염소산 5 mL와 불화수소산 1 mL를 넣고 가열을 계속하여 과염소산의 백연이 발생하면 가열을 중지하고 냉각한다. 여기에 물 50 mL를 넣고 이하 『질산-과염소산』에 따라 시험한다.

3 마이크로파 산분해법

- 이 방법은 밀폐 용기를 이용한 마이크로파 장치에 의한 방법에 적용되는 방법이다.
- 깨끗한 용기에 잘 혼합된 시료 적당량을 옮긴 후 적당량의 질산을 가한다. 이 방법은 유기물을 다량 함유하고 있으면서 산분해가 어려운 시료에 적용된다.
- 시료와 동일한 방법으로 바탕시험을 하며 전체 회전판의 평형을 맞추기 위하여 남은 용기에도 시료와 동일하게 정제수에 시약을 가하여 용기가 모든 일정하게 가열이 되도록 한다. 기타 전처리 조건은 제조사의 매뉴얼에 따른다.
- 분해가 완료되면 용기를 꺼내어 시료 용액이 실온이 되도록 냉각시키고 시료를 혼합시키기 위해 용기를 잘 흔들어 섞고 용기 내에 남아 있는 가스를 제거한다. 분해된 시료가 고체 물질을 함유한다면 거르거나, 10분간 2,000~3,000 rpm으로 원심 분리하여 거르거나 정치시켜 사용한다.

4 회화에 의한 분해

- 이 방법은 목적성분이 400℃이상에서 휘산 되지 않고 쉽게 회화될 수 있는 시료에 적용된다. 시료 중에 염화암모늄, 염화마그네슘 등이 다량 함유된 경우에는 납, 철, 주석, 아연, 안티몬 등이 휘산 되어 손실을 가져오므로 주의하여야 한다.

- 시료 적당량 (100~500 mL)을 취하여 백금, 실리카 또는 자제증발접시에 넣고 물중탕 또는 열판에서 가열하여 증발건고 한다. 용기를 회화로에 옮기고 400~500℃에서 가열하여 잔류물을 회화시킨 다음 냉각하고 염산(1+1) 10 mL를 넣어 열판에서 가열한다.
- 잔류물이 녹으면 온수 20 mL를 넣고 여과하여 거름종이를 온수로 3회 씻어준 다음 여액과 씻은 액을 합하고 물을 넣어 정확히 100 mL로 한다.

5 용매추출법

이 방법은 원자흡수분광광도법을 사용한 분석 시 목적성분의 농도가 미량이거나 측정에 방해하는 성분이 공존할 경우 시료의 농축 또는 방해물질을 제거하기 위한 목적으로 사용되며, 이 방법으로 시료를 전처리한 경우에는 따로 규정이 없는 한 검정곡선 작성용 표준용액도 적당한 농도로 조제하여 시료와 같은 방법으로 처리하여 시험한다.

① 다이에틸다이티오카바민산 추출법 (diethyldithiocarbamate)

- 수질 시료 중 구리, 아연, 납, 카드뮴 및 니켈의 측정에 적용된다.
- 시료 500 mL(또는 산분해한 시료의 일정량)를 비커에 넣고 염산 10 mL를 넣어 약 5분간 끓이고 방치하여 냉각한 다음 분별깔때기에 옮긴다.
- 사이트르산이암모늄용액 (10%) 10 mL와 지시약으로서 메타크레졸퍼플 에틸알코올용액 (0.1%) 2~3방울을 넣고 용액이 자색을 나타낼 때까지 암모니아수(1+1)를 넣는다.
- 다이에틸다이티오카르바민산나트륨용액 (1%) 5 mL를 넣고 흔들어 섞은 다음 아세트산부틸 또는 메틸아이소부틸케톤 10~20 mL를 넣어 1분간 세게 흔들어 섞고 정치하여 유기용매층(윗층)을 분리한다.
- 수층에 다시 용매 5 mL씩을 넣어 2~3회 반복 추출하고 유기용매층을 합한다.
- 분리한 유기용매층을 100 mL 비커에 옮겨 열판 또는 물중탕으로 조용히 휘산시키고 여기에 질산 2 mL와 과염소산 1 mL를 넣어 가열 분해시킨다.
- 맑은 색으로 분해가 끝나면 남은 액을 거의 증발시키고 냉각하여 잔류물을 질산(1+15) 20 mL에 녹여 분석용 시료로 한다. 단, 자외선/가시선 분광법에 따라 즉시 측정할 경우에는 일정량의 용매를 넣어 추출한 다음 분리된 용매 자체를 분석용 시료로 하여 직접 측정할 수 있다.

② 디티존-메틸아이소부틸케톤 추출법 (MIBK, methyl isobutyl ketone)

- 이 방법은 시료 중 구리, 아연, 납, 카드뮴, 니켈 및 코발트 등의 측정에 적용된다.
- 시료 500 mL(또는 산분해한 시료 일정량)를 비커에 넣고 염산 5 mL를 넣어 약 5분간 끓이고 방치하여 냉각한 다음 타타르산암모늄용액 (10%) 10~20 mL를 넣고 암모니아수 또는 염산(1+50)을 넣어 pH 약 8.5로 조절한다.
- 이 용액을 분별깔때기에 옮기고 정제수를 넣어 액량을 조절한 다음 디티존-메틸아이소부틸케톤용액 (0.2%) 20~50 mL를 정확히 넣어 약 2분간 세게 흔들어 섞고 정치하여 수층(아래층)을 버린다.
- 유기용매층을 건조 거름종이에 걸러내어 여과액을 시험용으로 하고 즉시 측정한다.

③ 디티존-사염화탄소 추출법
(5-amino-2-benzimidazolethiol-carbon-tetra chloride)

- 이 방법은 시료 중 아연, 납, 카드뮴 등의 측정에 적용된다.
- 시료 500 mL(또는 산분해한 시료 일정량)을 비커에 넣고 염산 10 mL를 넣어 약 5분간 끓이고 방치하여 냉각한 다음 분별깔때기에 옮긴다.
- 사이트르산이암모늄용액 (10%) 10 mL와 염산하이드록실아민용액 (10%) 2 mL 및 지시약으로 티몰 블루·에틸알코올용액 (0.1%) 2~3방울을 넣고 용액이 청색을 나타낼 때까지 암모니아수(1+1)를 넣는다.
- 다시 암모니아수(1+1) 5 mL와 디티존·사염화탄소용액 (0.01%) 10 mL를 넣어 약 2분간 세게 흔들어 섞고 정치하여 용매층(아래층)을 다른 분별깔때기에 옮긴다.
- 수층에 디티존·사염화탄소용액 (0.01%) 5 mL씩을 넣어 사염화탄소 층이 변색되지 않을 때까지 추출을 반복하고 용매층을 앞의 분별깔때기에 합한다.
- 용매 층에 암모니아수(1+100) 20 mL를 넣고 흔들어 섞어서 씻어주고 용매 층을 다른 분별깔때기에 옮긴다.
- 용매 층에 염산(1+50) 10 mL를 넣어 약 2분간 세게 흔들어 역추출하고 다시 용매층에 염산(1+50) 5 mL씩을 넣어 같은 방법으로 2회 역추출하여 수층을 250 mL 부피플라스크에 합한다.
- 정제수를 넣어 표선을 채우고 분석용 시료로 한다. 이 때 사염화탄소 층을 분리하여 구리, 니켈 및 코발트 측정용 시료로 사용할 수도 있다.

④ 피로리딘다이티오카르바민산 암모늄 추출법
(1-pyrrolidinecarbodithioic acid, ammonium salt)

- 이 방법은 시료 중 구리, 아연, 납, 카드뮴, 니켈, 철, 망간, 6가 크롬, 코발트 및 은 등의 측정에 적용된다. 다만 망간은 착화합물 상태에서 매우 불안정하므로 추출 즉시 측정하여야 하며, 크롬은 6가 크롬 상태로 존재할 경우에만 추출된다. 또한 철의 농도가 높을 경우에는 다른 금속의 추출에 방해를 줄 수 있으므로 주의해야 한다.
- 시료 500 mL(또는 산분해한 시료 일정량)를 분별깔때기에 넣고 지시약으로 브로모페놀블루·에틸알코올용액 (0.1%) 2~3방울을 넣고 청색이 지속될 때까지 암모니아수(1+1)를 넣은 다음 다시 청색이 보이지 않을 때까지 염산(1+4)을 한 방울씩 넣고 추가로 2 mL를 더 넣는다(이 때, pH는 2.3~2.5이며 지시약 대신 pH 측정기를 사용할 수도 있다.).
- 피로리딘다이티오카르바민산암모늄용액 (2%) 5 mL를 넣어 흔들어 섞고 메틸아이소부틸케톤 10~20 mL를 정확히 넣어 약 2분간 세게 흔들어 섞는다. 정치한 다음 메틸아이소부틸케톤층을 분리하여 분석용 시료로 하고 즉시 원자흡수분광광도법에 따라 측정한다.

3.3 부유물질(SS, Suspended Solids) 측정

이 시험기준은 미리 무게를 단 유리섬유여과지 (GF/C)를 여과장치에 부착하여 일정량의 시료를 여과시킨 다음 항량으로 건조하여 무게를 달아 여과 전·후의 유리섬유 여과지의 무게차를 산출하여 부유물질의 양을 구하는 방법이다.

이 시험기준은 지표수, 지하수, 폐수 등에 적용할 수 있다.

1 간섭물질

- 나무 조각, 큰 모래입자 등과 같은 큰 입자들은 부유물질 측정에 방해를 주며, 이 경우 직경 2 mm 금속망에 먼저 통과시킨 후 분석을 실시한다.
- 증발잔류물이 1,000 mg/L 이상인 경우의 해수, 공장폐수 등은 특별히 취급하지 않을 경우, 높은 부유물질 값을 나타낼 수 있다. 이 경우 여과지를 여러 번 세척한다.
- 철 또는 칼슘이 높은 시료는 금속 침전이 발생하며 부유물질 측정에 영향을 줄 수 있다.
- 유지(oil) 및 혼합되지 않는 유기물도 여과지에 남아 부유물질 측정값을 높게 할 수 있다.

2 분석기기 및 기구

- 부유물질을 측정하기 위하여 여과장치는 그림 3.4와 같이 구성한다.
- 유리섬유여과지(GF/C) 또는 이와 동등한 규격으로 지름 47 mm의 것을 사용한다.
- 건조기는 105~110℃에서 건조할 수 있는 건조장치를 사용한다.
- 데시케이터는 수분함유에 따라 흡습제가 색변화를 나타내거나 수분함량을 표시할 수 있는 데시케이터를 사용한다.
- 시계접시 또는 알루미늄 호일 접시로 유리섬유여과지(GF/C)를 담아 건조할 수 있어야 한다.
- 다이크롬산칼륨(potassium dichromate, $K_2Cr_2O_7$, 분자량 : 294.18) 200 g을 정제수 100 mL에 녹이고 황산 (sulfuric acid, H_2SO_4, 분자량 : 98.08) 1,500 mL를 서서히 넣어 흔들어 섞는다.

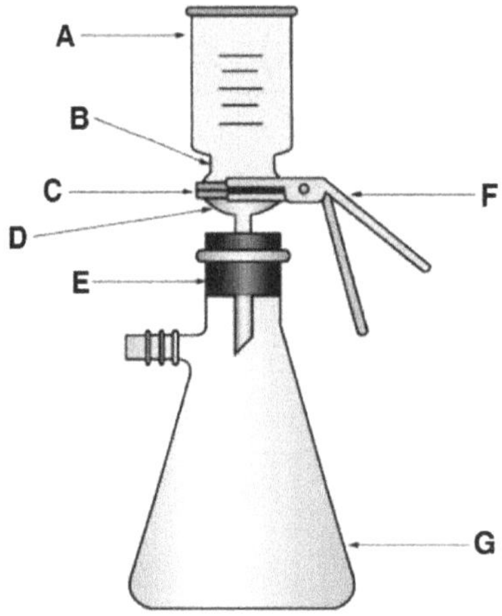

A : 상부 여과관

B : 여과재

C : 여과재 지지대

D : 하부 여과관

E : 고무마개

F : 금속제 집게

G : 흡인병

[그림 3.4] 부유물질 여과장치.

3 분석방법

- 유리섬유여과지(GF/C)를 여과장치에 부착하여 미리 정제수 20 mL씩으로 3회 흡인 여과하여 씻은 다음 시계접시 또는 알루미늄 호일 접시 위에 놓고 105~110 ℃의 건조기 안에서 2시간 건조시켜 데시케이터에 넣어 방치하고 냉각한 다음 항량하여 무게를 정밀히 달고, 여과장치에 부착시킨다.
- 시료 적당량 (건조 후 부유물질로써 2 mg 이상)을 여과장치에 주입하면서 흡입 여과한다(사용한 여과장치의 하부여과재를 다이크롬산칼륨-황산용액에 넣어 침전물을 녹인 다음 정제수로 씻어준다).
- 시료 용기 및 여과장치의 기벽에 붙어있는 부착물질을 소량의 정제수로 유리섬유여과지에 씻어 내린 다음 즉시 여지상의 잔류물을 정제수 10 mL씩 3회 씻어 주고 약 3분 동안 계속하여 흡입 여과한다(용존성 염류가 다량 함유되어 있는 시료의 경우에는 흡입장치를 끈 상태에서 정제수를 여지 위에 부은 뒤 흡입여과하는 것을 반복하여 충분히 세척한다).
- 유리섬유여과지를 핀셋으로 주의하면서 여과장치에서 끄집어내어 시계접시 또는 알루미늄 호일 접시 위에 놓고 105~110℃의 건조기 안에서 2시간 건조시켜 데시케이터에 넣어 방치하고 냉각한 다음 항량으로 하여 무게를 정밀히 단다.

4 농도계산

여과 전후의 유리섬유여지 무게의 차를 구하여 부유물질의 양으로 한다.

$$
\text{부유물질}\,(mg/L) = (b-a) \times \frac{1{,}000}{V}
$$

여기서, a : 시료 여과 전의 유리섬유여지 무게 (mg)

b : 시료 여과 후의 유리섬유여지 무게 (mg)

V : 시료의 양 (mL)

3.4 수소이온농도(pH, Potential of Hydrogen)

이 시험기준은 물속의 수소이온농도(pH)를 측정하는 방법으로, 기준전극과 비교전극으로 구성되어진 pH측정기를 사용하여 양전극간에 생성되는 기전력의 차를 이용하여 측정하는 방법이다.

이 시험기준은 수온이 0~40℃인 지표수, 지하수, 폐수에 적용되며, 정량범위는 pH 0~14 이다.

1 일반사항

수소이온지수·페하·pH라고도 한다. 수소 지수로서 나타낸다.

용액 1 L 속에 존재하는 수소이온의 g(그램)이온수를 의미하며, 페하(pH)라는 기호로 표시한 수소이온은 매우 작은 값이므로 사용하기가 매우 불편하다. 따라서 수소이온을 간단한 값으로 표시하기 위하여 수소이온의 역수에 상용로그 값을 취하여 사용한다. 수소이온농도와 수산화이온농도의 곱은 수용액의 액성에 관계없이 항상 일정하다.

흔히 물은 이온화하지 않는 것으로 알고 있으나, 물도 아주 조금이기는 하지만 이온화하여 다음과 같은 평형을 이루게 된다.

$$H_2O \rightleftarrows H^+ + OH^-$$

$$(2H_2O \rightleftarrows H_3O^+ + OH^-)$$

이 때 물의 자동 이온화상수(Kw)에 대하여 알아보면 순수한 물은 농도가 일정하여 상수이므로 $Kw = [H^+][OH^-]$ 또는 $Kw = [H_3O^+][OH^-]$로 나타낸다.

Kw는 평형상수의 일종으로서 온도에 따라서만 변하는데, 상온(25℃)에서 1.0×10^{-14} $(mol/L)^2$이다.

순수한 물이 중성인 것은 물 속의 $[H^+] = [OH^-]$인 관계가 성립하기 때문인데, 이 때 수소이온농도$[H^+]$를 구하면 다음과 같다.

$$Kw = [H^+][OH^-] = 1.0 \times 10^{-14}(mol/L)^2,\ [H^+] = [OH^-]$$ 이므로

$$[H^+] = \sqrt{Kw} = \sqrt{1.0 \times 10^{-14}}$$ 으로부터

$$[H^+] = 1.0 \times 10^{-7}(mol/L)$$ 임을 알 수 있다.

따라서, 산성도의 판단은 $[H^+] = [OH^-]$이면 중성, $[H^+] > [OH^-]$이면 산성, $[H^+] < [OH^-]$이면 알칼리성(염기성)이라고 한다.

수소이온농도는 그 자체로 쓰기에는 대개 농도값이 너무 작아서 불편하므로 $pH = -log[H^+]$로 정의하여 사용하며, $pH + pOH = -log1.0 \times 10^{-14} = 14$의 관계가 성립한다.

pH meter는 지시전극(Indicator electrode)과 기준전극(Reference electrode)를 이용하여 전극사이의 전위차(기전력)를 이용하여 pH를 측정한다.

- 지시전극(Indicator electrode) : 수소이온에 민감한 유리전구이며(유리전극이라고도 함) 전구 내부에 일정한 전위를 나타내는 반전지가 있어 외부 수소이온의 상대농도의 변화에 따라 달라지는 mV 출력을 통해 전위를 나타낼 수 있다.
- 기준전극의 내부전극은 유리전극의 내부전극과 같은 Ag-AgCl 혹은 칼로멜(Calomel) 전극을 사용하며, 내부액은 포화 KCl용액이다.
- 기준전극의 전위는 내부 전해액(KCl)과 유리전극의 감응전극(Ag/AgCl)에 의해 결정되며, 전위차는 시료 종류에 관계없이 일정한 값을 유지한다.
- 기존의 pH meter는 유리전극과 기준전극이 따로 되어 있어 전극의 세척이 힘들고, 취급 및 운반이 불편하며 시료용액도 많이 필요했지만 이런 점을 개선하여 최근에는 전극을 하나로 묶어 만든 전극이 복합전극(Combination Electrode)이 사용된다.

● pH meter 기전력

pH meter에서 나타나는 기전력의 크기는 기준전극의 형태, 유리전극의 내부구조, 시료의 pH 및 온도에 의해 결정된다.

$$E = E_0 - \frac{2.303\,R\,T}{n\,F} \times log\,[H^+]$$

E : 기준전극에서 발생하는 기전력

E_0 : zero 전위, 유리전극과 기준전극의 내부구조에 따라 발생하는 전위 (표준산화환원전위)

n : 이온의 전하량

R : 기체상수(8.314 $8.314472\,J \cdot K^{-1} \cdot mol^{-1}$)

T : 절대온도

F : Faraday 상수($9.648670 \times 10^4\,C \cdot mol^{-1}$)

물고기가 살고 있는 담수의 pH는 6.7~8.6이며, pH는 폐수처리를 할 경우, 중화·응집 등 화학적 처리를 할 때 중요한 구실을 한다. pH 값을 측정하는 데는 전위차측정법, 비색측정법 등이 있다.

pH는 배수관의 부식을 최소화하기 위해 조절되어야 하고, 조절 실패시 먹는물의 오염을 초래하여 맛, 모양, 냄새에서 부작용을 초래할 수 있으며, 최적의 pH는 건축자재나 물의 조성에 따라 변화할 수 있으나 대개 6.5~9.5이다.

건강에 관한 권장치는 제안된 것이 없다.

2 분석기기 및 기구

- pH 측정기는 보통 유리전극 및 비교전극으로 된 검출부와 검출된 pH를 표시하는 지시부로 되어 있다. 지시부에는 비대칭 전위조절(영점조절)용 꼭지 및 온도보상용 꼭지가 있다. 온도보상용 꼭지가 없는 것은 온도보상용 감온부가 있다.
- 검출부는 시료에 접하는 부분으로 유리전극 또는 안티몬전극과 비교전극으로 구성되어 있다. pH는 온도에 대한 영향이 매우 큼으로 야외에서 시료를 채취하여 실내에서 측정할 때에는 온도를 함께 측정할 수 있어야 한다(안티몬전극을 사용하는 경우에 정량범위는 pH 2~12이다).

- 유리전극 : pH 측정기를 구성하는 유리전극으로서 수소이온의 농도가 감지되는 전극이다.
- 비교전극 : 은-염화은과 칼로멜 전극이 주로 사용되며, 기준전극과 작용전극이 결합된 전극이 측정하기에 편리하다.
- 지시부 : 비대칭 전위조절(영점조절) 및 온도보상용 꼭지로 구성되어 있고, 측정기의 운전상태, 측정결과, 교정값 등을 확인하고 기록할 수 있어야 한다.

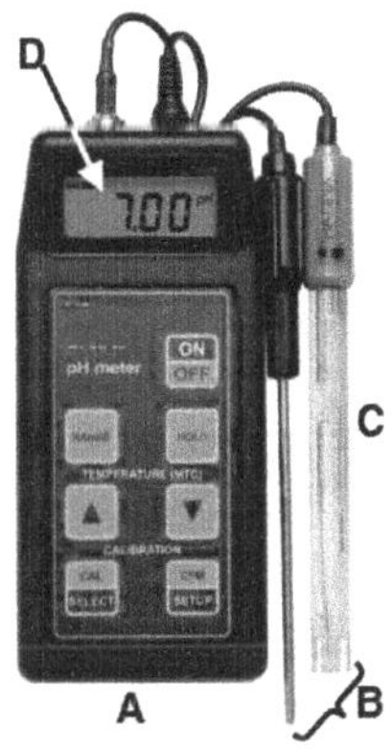

A : 측정기
B : 검출부(전극, 온도)
C : 전극
D : 지지부

[그림 3.5] pH측정기.

간섭물질

- 일반적으로 유리전극은 용액의 색도, 탁도, 콜로이드성 물질들, 산화 및 환원성 물질들 그리고 염도에 의해 간섭을 받지 않는다.
- pH 10 이상에서 나트륨에 의해 오차가 발생할 수 있는데, 이는 "낮은 나트륨 오차 전극"을 사용하여 줄일 수 있다.
- 기름층이나 작은 입자상이 전극을 피복하여 pH 측정을 방해할 수 있는데, 이 피복물을 부드럽게 문질러 닦아내거나 세척제로 닦아낸 후 증류수로 세척하여 부드러운 천으로 물기를 제거하여 사용한다. 염산(1+9)을 사용하여 피복물을 제거할 수 있다.
- pH는 온도변화에 따라 영향을 받는다. 대부분의 pH 측정기는 자동으로 온도를 보정하나 표 3.3에 따라 수동으로 보정할 수 있다.

3 표준용액

pH 표준용액의 조제에 사용되는 물은 정제수를 15분 이상 끓여서 이산화탄소를 날려 보내고 산화칼슘(생석회) 흡수관을 달아 식혀서 준비한다. 제조된 pH 표준용액의 전도도는 2 μS/cm 이하이여야 한다. 조제한 pH 표준용액은 경질 유리병 또는 폴리에틸렌병에 담아서 보관하며, 보통 산성 표준용액은 3개월, 염기성 표준용액은 산화칼슘 흡수관을 부착하여 1개월 이내에 사용한다.

① 옥살산염 표준용액 (0.05 M, pH 1.68)

사옥살산칼륨 (potassium tetraoxalate, $KH_3(C_2O_4)_2 \cdot 2H_2O$, 분자량 : 254.19)을 실리카겔이 들어 있는 데시케이터에서 건조한 다음 12.71 g을 정확하게 달아 정제수에 녹이고 정확히 1 L로 한다.

② 프탈산염 표준용액 (0.05 M, pH 4.00)

프탈산수소칼륨 (potassium hydrogen phthalate, $C_8H_5O_4K$, 분자량 : 204.22)을 건조기 110℃에서 항량이 될 때까지 건조한 다음 10.12 g을 정제수에 녹이고 1 L로 한다.

③ 인산염 표준용액 (0.025 M, pH 6.88)

인산이수소칼륨 (potassium dihydrogen phosphate, KH_2PO_4, 분자량 : 136.09) 및 인산일수소나트륨 (monobasic sodium phosphate, Na_2HPO_4, 분자량 : 141.96)을 110℃에서 1시간 건조한 다음 인산이수소칼륨 3.387 g 및 인산일수소나트륨 3.533 g을 정확하게 달아 정제수에 녹여 정확히 1 L로 한다.

④ 붕산염 표준용액 (0.01 M, pH 9.22)

붕산나트륨·10수화물 (sodium borate, $Na_2B_4O_7 \cdot 10H_2O$, 분자량 : 381.37)을 건조용기{물로 적신 브롬화나트륨 (sodium bromide, NaBr, 분자량 : 102.89)}에 넣어 항량으로 한 다음 3.81 g을 정확하게 달아 정제수에 녹여 정확히 1 L로 한다.

⑤ 탄산염 표준용액 (0.025 M, pH 10.07)

건조용기(실리카겔)에서 건조한 탄산수소나트륨 (sodium hydrogen carbonate, $NaHCO_3$, 분자량 : 100.01) 2.092 g과 500~650℃에서 건조한 무수탄산나트륨 (sodium carbonate anhydrate, Na_2CO_3, 분자량 : 105.99) 2.64 g을 정제수에 녹이고 정확히 1 L로 만든다.

⑥ 수산화칼슘 표준용액 (0.02 M, 25℃ 포화용액, pH 12.63)

수산화칼슘 (calcium hydroxide, $Ca(OH)_2$, 분자량 : 74.09) 5 g을 플라스크에 넣고 정제수 1 L를 넣어 잘 흔들어 섞어 23~27℃에서 충분히 포화시켜 그 온도에서 상층액을 여과하여 투명한 여과용액을 만들어 사용한다.

[표 3.3] 온도별 표준용액의 pH 값

온 도 (℃)	수산염 표준용액	프탈산염 표준용액	인산염 표준용액	붕산염 표준용액	탄산염 표준용액	수산화칼슘 표준용액
0	1.67	4.01	6.98	9.46	10.32	13.43
5	1.67	4.01	6.95	9.39	10.25	13.21
10	1.67	4.00	6.92	9.33	10.18	13.00
15	1.67	4.00	6.90	9.27	10.12	12.81
20	1.68	4.00	6.88	9.22	10.07	12.63
25	1.68	4.01	6.86	9.18	10.02	12.45
30	1.69	4.01	6.85	9.14	9.97	12.30
35	1.69	4.02	6.84	9.10	9.93	12.14
40	1.70	4.03	6.84	9.07	-	11.99
50	1.71	4.06	6.83	9.01	-	11.70
60	1.73	4.10	6.84	8.96	-	11.45

4 분석방법

- 유리전극을 미리 정제수에 수 시간 담가 둔다.
- 유리전극을 정제수에서 꺼내어 거름종이 등으로 가볍게 닦아낸다.
- 유리전극을 측정하고자 하는 시료에 담가 pH의 측정결과가 안정화 할 때 까지 기다린다.
- 측정된 pH가 안정되면 측정값을 기록한다.
- 시료로부터 pH 전극을 꺼내어 정제수로 세척한 다음 거름종이 등으로 가볍게 닦아내어 제조사에서 제시하는 보관용액 또는 정제수에 담아 보관한다.

5 pH 전극 보정

측정기의 전원을 켜고 시험 시작까지 30분 이상 예열한다. 전극은 정제수에 3회 이상 반복하여 씻고 물방울은 잘 닦아낸다. 전극이 더러워진 경우 세제나 염산용액(0.1 M)등으로 닦아낸 다음 정제수로 충분히 흘려 씻어 낸다. 오랜 기간 건조 상태에 있었던 유리전극은 미리 하루 동안 pH 7 표준용액에 담가 놓은 후에 사용한다.

보정은 3개 이상의 표준용액으로 다음과 같이 실시한다.

- 전극을 프탈산염 표준용액(pH 4.00) 또는 pH 4.01 표준용액에 담그고 표시된 값을 보정한다.
- 전극을 표준 용액에서 꺼내어 정제수로 3회 이상 세척하고 거름종이 등으로 가볍게 닦아낸다.
- 전극을 인산염 표준용액(pH 6.88) 또는 pH 7.00 표준용액에 담그고 표시된 값을 보정한다.
- 전극을 표준 용액에서 꺼내어 정제수로 3회 이상 세척하고 거름종이 등으로 가볍게 닦아낸다.
- 전극을 탄산염 표준용액 pH 10.07 또는 pH 10.01 표준용액에 담그고 표시된 값을 보정한다.
- 전극을 표준 용액에서 꺼내어 정제수로 3회 이상 세척하고 거름종이 등으로 가볍게 닦아낸다.

6 결과계산

측정결과는 소숫점 첫째 자리까지 표시한다.

3.5 암모니아성 질소 측정

물속에 존재하는 암모니아성 질소는 동물의 배설물 중에서 유기성 화합물이 분해되면서 생성된다. 탄산암모늄이 다량 생성되는 것은 위생적으로 의의가 있다. 또한 뇨에서 기인하는 요소도 암모니아성 질소로 변화되기 쉬우므로 암모니아성 질소의 검출은 분뇨에 의한 수질오염을 나타낼 수 있다. 식물의 단백질 분해는 서서히 진행되기 때문에 이로 인한 암모니아성 질소의 생성량은 무시할 수 있을 정도로 적다.

그러나 식물의 밀생지대나 니탄질지대의 물은 다량의 암모니아성 질소와 유기질을 함유하는 경우가 많다. 또한 황산암모늄등과 같은 암모니아성 질소를 함유한 비료가 용해되어 오염되는 수도 있다.

1 적용 시험방법

분석방법	정량한계 (mg/L)	정밀도 (%RSD)
자외선/가시선 분광법	0.01 mg/L	± 25% 이내
이온전극법	0.08 mg/L	± 25% 이내
적정법	1 mg/L	± 25% 이내

2 자외선/가시선 분광법-인도페놀법

① 개요

이 시험기준은 물속에 존재하는 암모니아성 질소를 측정하기 위하여 암모늄이온이 하이포염소산의 존재 하에서, 페놀과 반응하여 생성하는 인도페놀의 청색을 630 nm에서 측정하는 방법이다.

이 시험기준은 지표수, 지하수, 폐수 등에 적용할 수 있으며, 정량한계는 0.01 mg/L이다.

간섭물질

글라이신, 우레아, 글루타믹산, 시아나이트 그리고 아세트아마이드는 용액 내에서 매우 천천히 지속적으로 가수분해 하지만, pH 9.5에서 우레아는 약 7%, 시아나이트는 약 5%의 양이 전처리된 증류물과 가수분해한다.

3 시료의 전처리

- 시료 적당량(암모니아성 질소로서 0.03 mg 이상 함유)을 취하여 수산화나트륨용액(4%) 또는 황산(1+35)으로 중화하고 증류플라스크에 옮긴다.
- 산화마그네슘 0.3 g과 끓임쪽 수 개를 넣고 정제수를 넣어 액량을 약 350 mL로 한다. 수집기는 200 mL 부피의 부피실린더에 황산용액(0.025 M) 50 mL를 넣고 그림 3.6과 같이 증류장치를 조립한 다음 가열하여 5~7 mL/min 유출속도로 증류한다.
- 수집기의 액량이 약 150 mL가 되면 증류를 중지하고 냉각관을 증류플라스크와 분리하여 냉각관의 내부를 소량의 정제수로 씻어 수집기에 합하고 정제수를 넣어 200 mL로 한다.

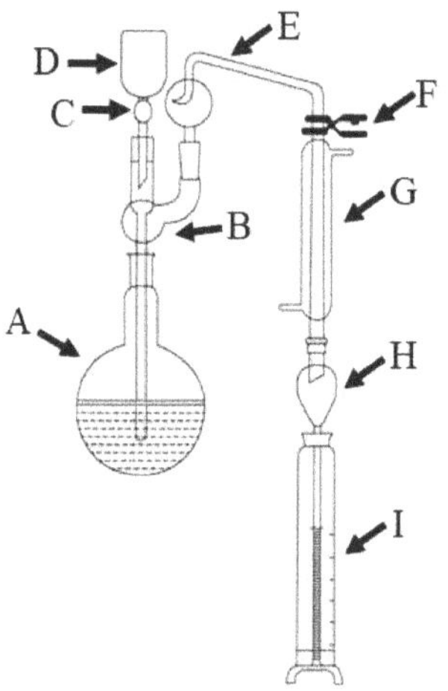

A : 1 L 증류플라스크
B : 연결관
C : 콕크
D : 안전깔때기
E : 분리관
F : 콕크
G : 냉각관
H : 역류방지관
I : 500 mL 수집기

[그림 3.6] 증류장치.

4 시약 및 표준용액

① 나이트로플루시드나트륨용액(0.15%)

나이트로플루시드나트륨2수화물 (sodium nitroprusside, $Na_2(Fe(CN)_5NO)\cdot 2H_2O$, 분자량 : 259.94) 0.15 g을 정제수에 녹여 100 mL로 한다. 암소에 보관하여 조제 후 1개월 이내에 사용한다.

② 나트륨페놀라이트용액(12.5%)

페놀 (phenol, C_6H_5OH, 분자량 : 94.11) 25.0 g을 수산화나트륨용액(20%) 55 mL에 녹이고 정지하여 식힌 다음 아세톤 6 mL와 정제수를 넣어 200 mL로 한다. 사용 시 조제한다.

③ 산화마그네슘 (magnesium oxide, MgO, 분자량 : 40.32)

④ 수산화소듐 용액(4%)

수산화소듐 (sodium hydroxide, NaOH, 분자량 : 40.00) 4 g을 정제수에 녹여 100 mL로 한다.

⑤ 수산화소듐 용액(20%)

수산화소듐 20 g을 정제수에 녹여 100 mL로 한다.

⑥ 아세톤 (acetone, CH_3COCH_3, 분자량 : 58.09)

⑦ 아이오딘포타슘 (potassium iodide, KI, 분자량 : 166.00)

⑧ 싸이오황산소듐 용액(0.05 M)

싸이오황산소듐 (sodium thiosulfate, $Na_2S_2O_3\cdot 5H_2O$, 분자량 : 248.18) 12.409 g을 1 L 정제수에 용해하여 제조한다.

⑨ 하이포염소산소듐(암모니아 질소 시험용) 용액(1%)

하이포염소산소듐 (sodium hypochlorite, NaOCl, 분자량 : 74.44)용액의 유효염소 농도를 측정하여 유효염소로서 1 g에 해당하는 부피 (mL)의 용액을 취하여 정제수에 넣어 100 mL로 한다. 하이포염소산나트륨용액은 사용할 때 마다 조제한다.

유효염소량 (부피분율 C%)의 측정

하이포아염소산소듐 용액 10 mL를 200 mL 부피플라스크에 넣고 증류수로 표선까지 채운 다음, 이 액 10 mL를 취하여 삼각플라스크에 넣고 증류수를 넣어 약 100 mL로 한다. 아이오드화포타슘 (KI, potassium iodide, 분자량: 165.99, 99%) (1~2) g 및 아세트산 (CH_2COOH, acetic acid, 분자량: 60.05, 99.7%) (1+1) 6 mL를 넣어 밀봉하고 흔들어 섞은 다음 암소에서 약 5분간 방치한다. 유리된 아이오딘을 0.05 M 싸이오황산소듐 용액 ($Na_2S_2O_3$, sodium thiosulfate, 분자량: 158.11, 0.6~22.9%)으로 적정한다. 따로 증류수 10 mL를 취하여 바탕시험을 하여 적정량을 보정한다.

$$C = a \times f \times \frac{200}{10} \times \frac{1}{V} \times 0.001783 \quad \times 100$$

여기서, C : 유효염소량 (질량분율 %)

a : 0.05 M 싸이오황산소듐 용액의 소비량 (mL)

f : 0.05 M 싸이오황산소듐 용액의 역가

V : 하이포아염소산소듐 용액을 취한 양 (mL)

시험시 보통 10% 하이포아염소산소듐 용액을 사용하여 조제하므로

$$10\%\,NaOCl = \frac{NaOCl}{100\,mL} | \frac{Cl\,35.45\,g}{NaOCl\,74.4\,g} = \frac{Cl\,4.76\,g}{100\,mL} = \frac{Cl\,1\,g}{21\,mL}$$

∴ $10\%\,NaOCl$ 용액 21 mL를 증류수에 넣어 100 mL로 한다.

⑩ 황산(1+35)

황산 (sulfuric acid, H_2SO_4, 분자량 : 98.08, 비중 : 1.84, 함량 : 95% 이상) 10 mL를 천천히 정제수 350 mL에 넣은 후 냉각하여 사용한다.

⑪ **황산용액(0.5 M)**

황산 30 mL를 정제수 1 L 중에 천천히 넣어 섞은 후 식힌 다음 사용한다.

⑫ **황산용액(0.025 M)**

황산용액(0.5 M) 50 mL를 정제수 900 mL 넣은 후 식힌 다음 정제수를 넣어 1 L로 한다.

⑬ **표준원액(100 mg/L)**

100℃에서 건조한 무수염화암모늄 (anhydrous NH_4Cl, anhydrous ammonium chloride, 분자량 : 53.492) 0.3819 g을 정제수에 녹인 후, 1 L로 희석한다.

$$100\,mg\,NH_3-N/L=\frac{X\,g\,NH_4Cl}{1\,L}\bigg|\frac{14.01\,g\,NH_3-N}{53.492\,g\,NH_4Cl}\bigg|\frac{1000\,mg}{g}$$

$$X\,g\,NH_4Cl=0.3819\,g$$

⑭ **표준용액(5 mg/L)**

표준원액(100 mg/L) 25 mL를 정확히 취한 후, 정제수를 넣어 500 mL로 한다.

5 분석방법

- 전처리한 시료 적당량(암모니아성 질소로서 0.04 mg이하 함유)을 취하여 50 mL 부피플라스크에 넣고 정제수를 넣어 액량을 30 mL로 한다.
- 나트륨 페놀라이트용액(0.125%) 10 mL와 나이트로플루시드나트륨용액(0.15%) 1 mL를 넣고 조용히 섞는다.
- 하이포염소산나트륨용액(1%) 5 mL를 넣어 조용히 섞는다.
- 정제수를 넣어 표선까지 채운 다음 용액의 온도를 20~25℃로 하여 약 30분간 방치하고 이 용액의 일부를 층장 10 mm 흡수셀에 옮겨 시료용액으로 한다.
- 따로 정제수 30 mL를 취하여 시료의 시험방법에 따라 시험하여 바탕시험액으로 한다.
- 바탕시험용액을 대조액으로 하여 630 nm에서 시료 용액의 흡광도를 구하고 미리 작성한 검정곡선으로 암모니아성 질소의 양을 구하여 농도를 계산한다.

암모니아는 알칼리성 용액에서 염소와 반응하여 일염화아민을 생성하고, 일염화아민은 Nitroprusside 이온의 촉매하에서 무색의 페놀과 반응하여 청색의 인도페놀을 생성한다.

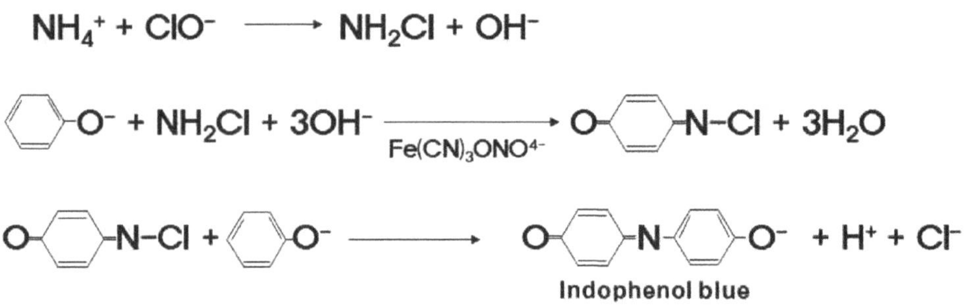

6 검량선의 작성

- 50 mL 부피플라스크에 암모니아성 질소 표준용액(5 mg /L) 0~10 mL를 단계적으로 취하여 넣고, 정제수를 첨가하여 액량을 30 mL가 되게 한다. 단, 표준용액은 바탕용액을 제외하고 3개 이상 제조해야 하며 필요에 따라 사용하는 표준용액의 양을 달리 할 수 있다.
- 이하 분석방법에 따라 시험하여 암모니아성 질소의 양과 흡광도와의 검정곡선을 작성한다.

7 농도계산

검정곡선은 농도에 대한 흡광도로 작성한다. 시료의 농도는 표준용액의 흡광도에 대한 시료의 흡광도를 비교하여 계산한다.

$$C = \frac{(y-b)}{a} \times I$$

여기서, C : 암모니아성 질소의 농도 (mg/L)

y : 시료의 흡광도

b : 검정곡선의 절편

a : 검정곡선의 기울기

I : 시료의 희석배수

3.6 총질소(Total Nitrogen) 측정

이 시험기준은 호소 및 하천의 조류의 이상증식으로 인한 현상인 부영양화의 원인물질 중 하나인 질소화합물의 농도 측정에 대한 기준방법을 규정하는데 그 목적이 있다. 물속에 존재하는 질소화합물은 유기질소(단백질, 아미노산, 핵산 등)와 무기질소(암모니아성질소, 아질산성질소, 질산성질소) 형태로 존재하며 이 시험기준은 물속에 존재하는 여러 가지 형태의 질소를 모두 합한 질소의 총량을 구하는 방법이다.

1 적용 시험방법

분석방법	정량한계 (mg/L)	정밀도 (%RSD)
자외선/가시선 분광법 (산화법)	0.1 mg/L	± 25% 이내
자외선/가시선 분광법 (카드뮴-구리 환원법)	0.004 mg/L	± 25% 이내
자외선/가시선 분광법 (환원증류-킬달법)	0.02 mg/L	± 25% 이내
연속흐름법	0.06 mg/L	± 25% 이내

2 자외선/가시선 분광법(산화법) 개요

이 시험기준은 물속에 존재하는 총질소를 측정하기 위하여 시료 중 모든 질소화합물을 알칼리성 과황산포타슘을 사용하여 120℃ 부근에서 유기물과 함께 분해하여 질산이온으로 산화시킨 후 산성상태로 하여 흡광도를 220 nm에서 측정하여 총질소를 정량하는 방법이다.

이 시험기준은 지표수, 지하수, 폐수 등에 적용할 수 있으며, 정량한계는 0.1 mg/L이다.

비교적 분해되기 쉬운 유기물을 함유하고 있거나 자외부에서 흡광도를 나타내는 브롬이온이나 크롬을 함유하지 않는 시료에 적용된다.

간섭물질

자외부에서 흡광도를 나타내는 모든 물질이 분석을 방해할 수 있으며 특히, 브롬이온 농도 10 mg/L, 크롬 농도 0.1 mg/L 정도에서 영향을 받으며 해수와 같은 시료에는 적용할 수 없다.

3 시약 및 표준용액

① 알칼리성과황산포타슘 용액(3%)

정제수 500 mL에 수산화소듐 (sodium hydroxide, NaOH, 분자량 : 40.00, 질소 함량 0.0005% 이하) 20 g을 넣어 녹인 다음 과황산포타슘 (potassium persulfate, $K_2S_2O_8$, 분자량 : 270.32, 질소 함량 0.0005% 이하) 15 g을 넣어 녹인다. 이 용액은 사용할 때 조제한다.

② 염산(1+16)

정제수 160 mL에 진한 염산 (hydrochloric acid, HCl, 분자량 : 36.46, 비중 : 1.18, 함량 : 36.5~38%) 10 mL를 넣어 혼합한다.

③ 표준원액(100 mg/L)

미리 105~110℃에서 4시간 건조한 질산포타슘 (potassium nitrate, KNO_3, 분자량 : 101.10) 0.7218 g을 정밀히 달아 정제수에 녹여 1 L로 한다.

④ 표준용액(20 mg/L)

표준원액(100 mg/L) 20 mL를 정확히 취하여 정제수를 넣어 100 mL로 한다.

4 전처리

시료 50 mL(질소함량이 0.1 mg 이상일 경우에는 희석)를 분해병에 넣고 알칼리성과황산칼륨 용액 10 mL를 넣어 마개를 닫고 흔들어 섞은 다음 고압증기멸균기에 넣고 가열한다. 약 120℃가 될 때부터 30분간 가열 분해하고 분해병을 꺼내어 냉각한다.

5 분석방법

- 전처리한 시료의 상층액을 취하여 유리섬유여과지 (GF/C)로 여과하고 처음 여과용액 5~10 mL는 버린 다음 여과용액 25 mL를 정확히 취하여 50 mL 비커 또는 비색관에 옮긴다.
- 여기에 염산(1+16) 5 mL를 넣어 pH 2~3으로 하고 이 용액의 일부를 10 mm 층장 흡수 셀에 옮겨 시료 용액으로 한다.
- 따로 정제수 50 mL를 취하여 시료의 시험방법에 따라 시험하고 바탕시험용액으로 한다.
- 바탕시험용액을 대조액으로 하여 220 nm에서 시료 용액의 흡광도를 측정하고 미리 작성한 검정곡선으로부터 질소의 양을 구한다.

6 검량선의 작성

- 표준용액(20 mg/L) 0~10 mL를 단계적으로 취하여 100 mL 부피플라스크에 넣고 정제수를 넣어 표선을 채운다. 단, 표준용액은 바탕용액을 제외하고 3개 이상 제조해야하며 필요에 따라 사용하는 표준용액의 양을 달리 할 수 있다.
- 이 용액 25 mL씩을 정확히 취하여 각각 50 mL 비커 또는 비색관에 넣고 염산(1+500) 5 mL를 넣은 다음 시료의 분석방법에 따라 시험하고 질소의 양과 흡광도와의 관계선을 작성한다.

7 농도계산

미리 작성한 절대검정곡선으로부터 질소의 양을 구하여 다음 식으로 시료 중의 총질소 농도를 산출한다.

$$T-N(mg/L) = a \times \frac{60}{25} \times \frac{1000}{V}$$

여기서, a : 검정곡선으로부터 구한 인의 양 (mg)

V : 전처리에 사용한시료량 (mL)

3.7 총인(Total Phosphorus) 측정

총인은 하천이나 호소 등의 부영양화를 나타내는 지표의 하나로 물속에 포함된 인(P)의 총량을 말하며, 질소와 함께 영양염류로 적조의 원인이기도 하다. 합성세제에는 조성제로 쓰인 인화합물이 많이 들어 있다.

1 적용 시험방법

분석방법	정량한계 (mg/L)	정밀도 (%RSD)
자외선/가시선 분광법	0.005 mg/L	± 25% 이내
연속흐름법	0.003 mg/L	± 25% 이내

2 자외선/가시선 분광법(아스코빈산환원법) 개요

이 시험기준은 물속에 존재하는 총인을 측정하기 위하여 유기물화합물 형태의 인을 산화 분해하여 모든 인 화합물을 인산염 (PO_4^{3-}) 형태로 변화시킨 다음 몰리브덴산암모늄과 반응하여 생성된 몰리브덴산인암모늄을 아스코빈산으로 환원하여 생성된 몰리브덴산의 흡광도를 880 nm에서 측정하여 총인의 양을 정량하는 방법이다.

간섭물질

- 시료의 전처리 방법에서 축합인산과 유기인 화합물은 서서히 분해되어 측정이 잘 안되기 때문에 과황산칼륨으로 가수분해시켜 정인산염으로 전환한 다음 다시 측정한다. 이때 시료가 증발하여 건고되지 않도록 약 10 mL 정도로 유지한다.
- 전처리한 시료가 염화이온을 함유한 경우는 염소가 생성되어 몰리브덴산의 청색 발색을 방해하는 경우가 있으므로 분해 후 용액에 이황산수소나트륨용액(5%) 용액 1 mL를 가한다.
- 상층액이 혼탁한 시료의 여과는 시료채취 후 여과지 5종 C 또는 1 μm 이하의 유리섬유여과지 (GF/C)를 사용하여 여과하고 최초의 여과액 약 5~10 mL을 버리고 다음의 여과용액을 사용한다.

3 시약 및 표준용액

① 과황산포타슘 용액(4%)

과황산포타슘 (potassium persulfate, $K_2S_2O_8$, 분자량 : 270.32) 4 g을 정제수에 용해시켜 100 mL로 한다.

② p-나이트로페놀용액(0.1%)

p-나이트로페놀용액 (para-nitrophenol, $C_6H_5NO_3$, 분자량 : 139.11) 0.1 g을 정제수에 녹여 100 mL로 한다.

③ 몰리브덴산 암모늄-아스코빈산 혼합용액

몰리브덴산암모늄·4수화물 (ammonium molybdate tetrahydrate, $(NH_4)_6Mo_7O_{24}\cdot 4H_2O$, 분자량 : 1235.86) 6 g과 타타르산안티몬포타슘 (potassium antimony tartrate, $K(SbO)C_4H_4O_6\cdot 1/2H_2O$, 분자량 : 333.92) 0.24 g을 정제수 약 300 mL에 녹이고 황산(2+1) 120 mL와 설파민산암모늄 (ammonium sulfamate, $NH_4OSO_2NH_2$, 분자량 : 114.12) 5 g을 넣어 녹인 다음 정제수를 넣어 500 mL로 하고 여기에 7.2% L-아스코빈산 (ascorbic acid, $C_6H_8O_6$, 분자량 : 176.12) 용액 100 mL를 넣어 섞는나. 사용 시 조제한다.

④ 수산화소듐 용액(20%)

수산화소듐 (sodium hydroxide, NaOH, 분자량 : 40.00) 20 g을 정확히 취하여 정제수에 녹여 100 mL로 한다.

⑤ 수산화소듐 용액(4%)

수산화소듐 (sodium hydroxide, NaOH, 분자량 : 40.00) 4 g을 정확히 취하여 정제수에 녹여 100 mL로 한다.

⑥ L-아스코빈산용액(7.2%)

L-아스코빈산 (L-ascorbic acid, $C_6H_8O_6$, 분자량 : 176.12) 7.2 g을 정제수에 녹여 100 mL로 한다.

⑦ 표준원액(100 mg/L)

미리 105℃에서 건조한 인산이수소포타슘 (potassium phosphate, monobasic, KH_2PO_4, 분자량 : 136.09 ; 표준시약) 0.439 g을 정밀히 달아 정제수에 녹여 정확히 1 L로 한다.

⑧ 표준용액(5 mg/L)

표준원액(100 mg/L) 25 mL를 정확히 취하여 정제수를 넣어 500 mL로 한다.

4 전처리

① 과황산포타슘 분해(분해되기 쉬운 유기물을 함유한 시료)

시료 50 mL(인으로서 0.06 mg 이하 함유)를 분해병에 넣고 과황산포타슘 용액(4%) 10 mL를 넣어 마개를 닫고 섞은 다음 고압증기멸균기에 넣어 가열한다. 약 120℃가 될 때부터 30분간 가열분해를 계속하고 분해병을 꺼내 냉각한다.

② 질산-황산 분해(다량의 유기물을 함유한 시료)

시료 50 mL(인으로서 0.06 mg 이하 함유)를 킬달플라스크에 넣고 질산 2 mL를 넣어 액량이 약 10 mL가 될 때까지 서서히 가열 농축하고 냉각한다. 여기에 질산 2~5 mL와 황산 2 mL를 넣고 가열을 계속하여 황산의 백연이 격렬하게 발생할 때까지 가열한다.

③ 만일 액의 색이 투명하지 않을 경우에는 냉각 한 다음 질산 2~5 mL를 더 넣고 가열 분해를 반복한다. 분해가 끝나면 정제수 약 30 mL를 넣고 약 10분간 조용히 가열하여 가용성 염을 녹이고 냉각 한다.

④ 이 용액을 p-나이트로페놀(0.1%)을 지시약으로 하여 수산화나트륨용액(20%) 및 수산화나트륨용액(4%)을 넣어 용액의 색이 황색을 나타낼 때까지 중화한 다음 50 mL 부피플라스크에 옮기고 정제수를 넣어 표선까지 채운다.

5 분석방법

- 전처리한 시료 25 mL를 취하여 마개 있는 시험관에 넣고 몰리브덴산암모늄·아스코빈산 혼합용액 2 mL를 넣어 흔들어 섞은 다음 20~40℃에서 15분간 방치한다. 전처리한 시료가 탁한 경우에는 유리섬유 여과지로 여과하여 여과액을 사용한다.
- 이 용액의 일부를 충장 10 nm 흡수셀에 옮겨 시료용액으로 한다.
- 따로 정제수 50 mL를 취하여 시료의 시험방법에 따라 시험하여 바탕시험액으로 한다.
- 바탕시험용액을 대조액으로 하여 880 nm의 파장에서 시료 용액의 흡광도를 측정하여 미리 작성한 검정곡선으로 인산염인의 양을 구하여 농도를 계산한다. 880 nm에서 흡광도 측정이 불가능할 경우에는 710 nm에서 측정한다.

6 검량선의 작성

- 표준용액(5 mg/L) 0~20 mL를 단계적으로 취하여 100 mL 부피플라스크에 넣고 정제수를 넣어 표선을 채운 다음 이 용액 25 mL 씩을 마개 있는 시험관에 넣는다. 단, 표준용액은 바탕용액을 제외하고 3개 이상 제조해야 하며 필요에 따라 사용하는 표준용액의 양을 날리 알 수 있다.
- 이하 분석방법에 따라 시험하여 인의 양과 흡광도와의 검정곡선을 작성한다.

7 농도계산

검정곡선은 농도에 대한 흡광도로 작성한다. 시료의 농도는 표준용액의 흡광도에 대한 시료의 흡광도를 비교하여 계산한다.

① 과황산포타슘 분해한 경우

$$T-P(mg/L) = a \times \frac{60}{25} \times \frac{1000}{50}$$

여기서, a : 검정곡선으로부터 구한 인의 양(mg)

② 질산-황산 분해한 경우

$$T-P(mg/L) = a \times \frac{1000}{25}$$

여기서, a : 검정곡선으로부터 구한 인의 양(mg)

주의사항

인산염인이나 총인을 측정할 때에는 실험에 사용하는 초자류는 염산 (1+1)로 씻고, 증류수로 여러번 세척하여 사용하여야 하며, 인산이 함유되어 있는 합성세제로 씻어서는 안된다.

3.8 철(Fe) 측정

이 시험기준은 물속에 존재하는 철의 분석방법이다. 철은 원자번호 26번이며 지각 중에서 두 번째로 많은 원소로 약 5% 존재한다. 환경 중에는 지표수에 1.5 mg/L이하, 하천수에서 0.67 mg/L, 빗물에는 0.23 mg/L 존재한다. 철은 물속에서 용해성 철 (Fe^{2+})로 존재하는 경우는 거의 없으며 $Fe(OH)_3$ 형태로 현탁되어 있다. 점토 등 유기물이 많은 물속에서는 휴민산염 등의 콜로이드성 유기착화합물로 존재한다. 철은 묽은 질산, 염산, 황산에는 쉽게 녹는다.

1 적용 시험방법

분석방법	정량한계 (mg/L)	정밀도 (%RSD)
원자흡수분광광도법	0.03 mg/L	± 25% 이내
자외선/가시선 분광법	0.08 mg/L	± 25% 이내
유도결합플라스마-원자발광분광법	0.007 mg/L	± 25% 이내

2 자외선/가시선 분광법(페난트로린법) 개요

이 시험기준은 물속에 존재하는 철 이온을 수산화제이철로 침전분리하고 염산하이드록실아민으로 제일철로 환원한 다음, O-페난트로린을 넣어 약산성에서 나타나는 등적색 철착염의 흡광도를 510 nm에서 측정하는 방법이다.

이 시험기준은 지표수, 지하수, 폐수 등에 적용할 수 있으며, 정량한계는 0.08 mg/L 이다.

3 시약 및 표준용액

① 아세트산암모늄용액(50%)

아세트산암모늄·3수화물 (ammonium acetate trihydrate, $CH_3COONH_4 \cdot 3H_2O$, 분자량 : 131.13) 50 g을 정제수에 녹여 100 mL로 한다.

② 염산하이드록실아민(20%)

염산하이드록실아민 (hydroxylamine hydrochloric acid, $NH_2OH·HCl$, 분자량: 69.49) 20 g을 정제수에 녹여 100 mL로 한다.

③ O-페난트로린용액(0.1%)

O-페난트로린·2염산염 (1,10-phenanthroline dihydrogen chloride, $C_{12}H_8N_2·2HCl$, 분자량 : 253.13) 0.12 g을 정제수 100 mL에 넣고 80℃로 가열하여 녹인다.

④ 철 표준원액(100 mg/L)

금속 철(순도 99.9%이상) 0.1 g을 정확히 달아 염산(1+1) 10 mL과 질산 3 mL에 녹인다. 다시 질산 5 mL를 가해 1 L 부피플라스크에 넣어 정제수로 표선까지 채운다.

⑤ 철 표준용액(10 mg/L)

철 표준원액 10 mL를 정확히 취하여 100 mL 부피플라스크에 넣고, 정제수를 가하여 표선까지 채운다. 이 용액은 항상 사용 시에 새로 조제한다.

4 분석방법

- 전처리한 시료 적당량(철로서 0.5 mg 이하 함유)을 비커에 넣고 질산(1+1) 2 mL를 넣어 끓여 침전을 생성시킨다.
- 정제수를 넣어 50~100 mL로 하고 암모니아수(1+1)를 넣어 약알칼리성으로 한 다음 수분간 끓인다. 잠시 동안 방치하고 거른 다음 온수로 침전을 씻는다.
- 침전을 원래 비커에 옮기고 염산(1+2) 6 mL를 넣어 가열하여 녹인다. 이 용액을 처음의 거름종이로 걸러내어 거름종이에 붙어 있는 수산화제이철을 녹여내고 온수로 수회 씻어서 여과액과 씻은 액을 100 mL 부피플라스크에 옮긴다. 정제수를 넣어 액량을 약 70 mL로 하고 염산하이드록실아민용액(20%) 1 mL를 넣어 흔들어 섞는다.
- O-페난트로린용액(0.1%) 5 mL를 넣어 흔들어 섞고 아세트산암모늄용액(50%) 10 mL를 넣어 흔들어 섞은 다음 실온까지 식힌다. 정제수를 넣어 표선까지 채워 흔들어 섞은 다음 20분간 방치하여 시료 용액으로 한다.

- 따로 정제수 50 mL를 취하여 시료의 시험방법에 따라 시험하여 바탕시험액으로 한다. 바탕시험액을 대조액으로 하여 층장 10 mm 흡수셀에 옮겨 510 nm에서 시료 용액의 흡광도를 측정하고 미리 작성한 검정곡선으로 부터 철의 양을 구하고 농도(mg/L)를 산출한다.

5 검량선의 작성

- 철 표준용액(10 mg/L) 0 mL, 2~50 mL를 단계적으로 취하여 100 mL 부피플라스크에 염산(1+2) 6 mL 넣어 제조한다.
- 단계적으로 제조한 검정곡선용 표준용액을 (4)분석방법 중 "정제수를 넣어 70 mL로 하고···" 에 따라 시험한다.
- 각 표준용액의 농도에 해당하는 흡광도를 측정하고 각각 표준용액 농도와 흡광도 간의 관계식을 작성한다.

6 농도계산

검정곡선은 농도에 대한 흡광도 높이로 작성한다. 시료의 농도는 표준용액의 흡광도 높이에 대한 시료의 흡광도 높이를 비교하여 계산한다.

$$C_{Fe}\ (mg/L) = \frac{(y-b)}{a}$$

여기서, C_{Fe} : 검정곡선으로부터 구한 철의 농도 (mg/L)

y : 시료의 흡광도

b : 검정곡선의 절편

a : 검정곡선의 기울기

실험실습

- 실 험 1 : 물속의 부유물질(SS) 측정
- 실 험 2 : 수소이온농도(pH) 측정
- 실 험 3 : 암모니아성 질소 측정
- 실 험 4 : 총질소(T-N) 측정
- 실 험 5 : 총인(T-P) 측정
- 실 험 6 : 철(Fe) 측정

실험 1 물속의 부유물질(SS) 측정

1. 실험의 측정원리를 서술하시오.

2. 실험과정을 순서도로 작성하시오.

3. 시험에 사용되어진 GF/C 여과지를 부착하시오.

4. 실험결과를 정리하시오.

분 류	GF/C 무게(mg)			시료량(mL)
	여과 전	여과 후	무게 차	
시료 1				
시료 2				
시료 3				
시료 평균값				

5. 결론 및 고찰

6. 수중 고형물질의 상호관계(TS, VS, FS 등)에 대하여 설명하시오.

실험 2 수소이온농도(pH) 측정

1. 실험의 측정원리를 서술하시오.

2. 다음 각 시료를 100 mL씩 제조하시오.

분 류	시료1	시료2	시료3	시료4
	0.1 M HCl	0.1 M NaOH	0.01 M HCl	0.01 M NaOH

〈제조방법을 설명해보자〉

- 시료1 :

- 시료2 :

- 시료3 :

- 시료4 :

3. 문제2의 각 시료를 pH meter로 pH를 측정하여 정리하시오.

분 류	시료1	시료2	시료3	시료4
	0.1 M HCl	0.1 M NaOH	0.01 M HCl	0.01 M NaOH
온 도				
측정값				

4. 다음 식을 이용하여 각 시료의 pH를 계산하시오.

$$pH = -log[H^+],\ pH + pOH = 14$$

분 류	시료1	시료2	시료3	시료4
	0.1 M HCl	0.1 M NaOH	0.01 M HCl	0.01 M NaOH
온 도				
이론값				

5. 시료를 혼합하여 pH를 측정해 보자.

① 0.1 M HCl 50 mL에 0.1 M NaOH를 증가시키면서 pH를 측정해보자.

② 0.1 M NaOH 50 mL에 0.1 M HCl을 증가시키면서 pH를 측정해보자.

③ 0.01 M HCl 50 mL에 0.1 M NaOH를 증가시키면서 pH를 측정해보자.

④ 0.01 M NaOH 50 mL에 0.1 M HCl을 증가시키면서 pH를 측정해보자.

① NaOH (mL)	10	20	30	40	50	60	70	80	90	100
HCl (50 mL)										

② HCl (mL)	10	20	30	40	50	60	70	80	90	100
NaOH (50 mL)										

③ NaOH (mL)	10	20	30	40	50	60	70	80	90	100
HCl (50 mL)										

④ HCl (mL)	10	20	30	40	50	60	70	80	90	100
NaOH (50 mL)										

6. 문제 5번 ①, ②, ③, ④의 결과를 그래프로 나타내보자.

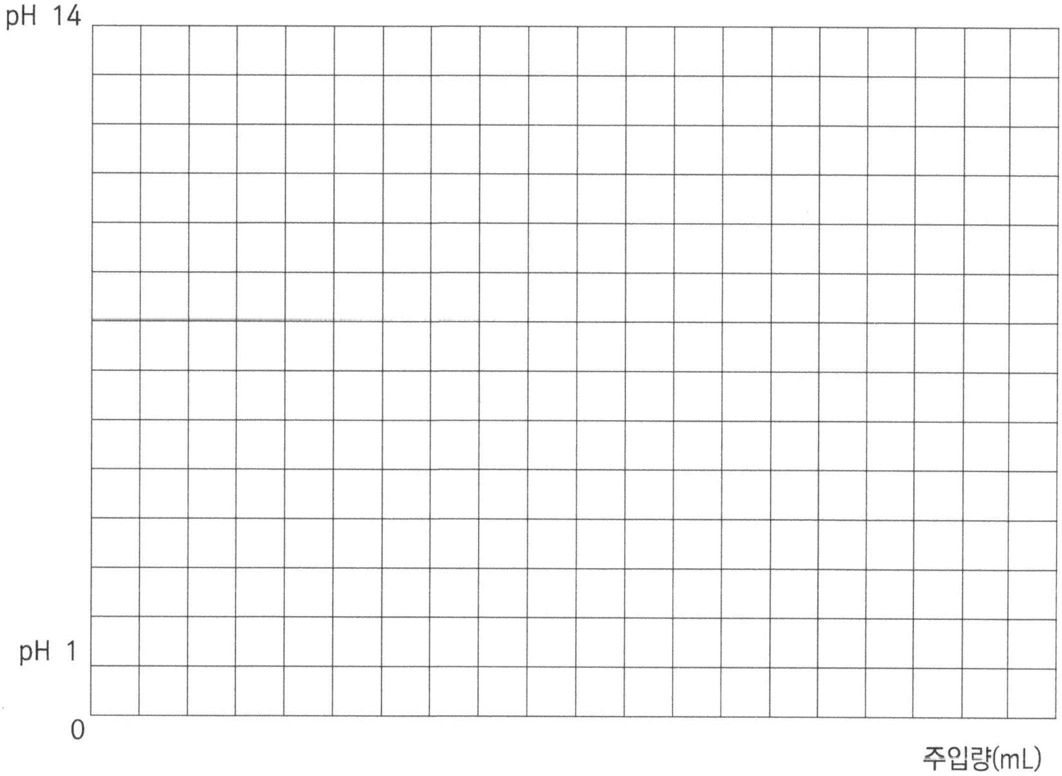

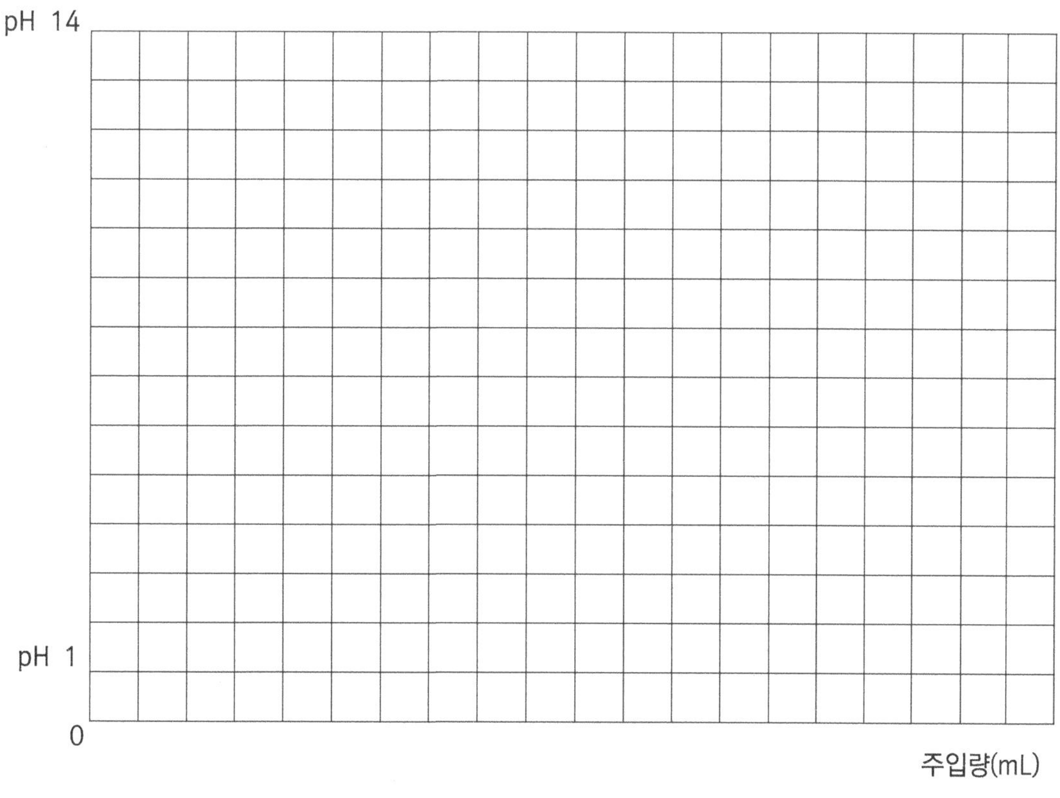

실험 3 암모니아성 질소 측정

1. 실험의 측정원리를 서술하시오.

시험방법

1. 전처리 또는 여과한 시료 2 mL (암모니아성 질소로서 0.04 mg이하 함유)을 취하여 50 mL 용량플라스크에 넣고 물을 넣어 약 30 mL로 한 다음 나트륨 페놀라이트 용액 10 mL와 니트로 프로싯나트륨 용액 1 mL를 넣고 조용히 섞은 다음 차아염소산나트륨 용액(암모니아성질소 시험용) 5 mL를 넣어 조용히 섞는다.
2. 물을 넣어 표선까지 채운 다음 액온을 20~25℃로 하여 약 30분간 방치하고 이용액의 일부를 층장 10 mm 흡수셀에 옮겨 검액으로 한다.
3. 따로 물 30 mL를 취하여 이하 시료의 시험방법에 따라 시험하여 바탕시험액으로 한다. 바탕시험액을 대조액으로 하여 630 nm에서 검액의 흡광도를 측정하고 미리 작성한 검량선으로부터 암모니아성 질소의 양을 구하여 농도(mg/L)를 산출한다.

2. 나트륨페놀라이트 용액의 역할을 서술하시오.

3. 나이트로프루시드나트륨 용액의 역할을 서술하시오.

4. 간섭물질의 종류와 그 특징을 서술하시오.

시약제조 방법

1. 암모니아성 표준원액(0.1 mg NH_3-N/mL)을 1000 mL제조하시오.
   (염화암모늄(NH_4Cl)이용)
   - 염화암모늄(표준시약) 0.3819 g을 증류수에 녹여 정확히 1000 mL로 한다.

2. 암모니아성 표준용액(0.005 mg NH_3-N/mL)을 500 mL를 제조하시오.
   - 표준원액 25 mL를 취하여 증류수를 넣어 500 mL로 한다.

3. 미지시료 1를 제조하시오.
   - 표준원액을 25 mL를 취하고 500 mL로 한다.

4. 미지시료 2를 제조하시오.
   - 표준원액을 250 mL로 취하고 500 mL로 한다.

5. 20% NaOH를 제조하시오(100 mL 제조 기준)
   - 수산화나트륨 20 g을 증류수를 넣어 100 mL로 한다.

6. 차아염소산나트륨용액을 제조하시오.(100 mL제조기준)
   - 10%차아염소산나트륨을 사용하여 제조하고 유효염소로서 1 g에 해당하는 mL수를 취한다.

7. 나트륨페놀라이트용액을 제조하시오.(100 mL 제조기준)
   - 페놀 12.5 g + 20% NaOH 27.5 mL + 아세톤 3 mL → 100 mL로 한다.

8. 니트로푸루싯나트륨용액을 제조하시오.(100 mL 제조기준)
   - 니트로푸루싯나트륨이수화물 0.15 g을 넣어 증류수에 녹여 100 mL로 한다.

검량선 작성

암모니아성질소 표준액(0.005 mg NH_3-N/mL) 2, 5, 8, 10 mL를 단계적으로 취하여 물을 넣어 약 30 mL로 하고 이하 시료의 시험방법에 따라 시험하여 암모니아성질소의 양과 흡광도와의 관계선을 작성하시오. 또한 희귀 직선식과 그에 따른 상관계수(R)를 구하시오.

5. 흡광도를 측정하고, 결과를 토대로 검량선을 작성하시오.

검량시료량(mL)	흡광도
2	
5	
8	
10	
바탕시험액	

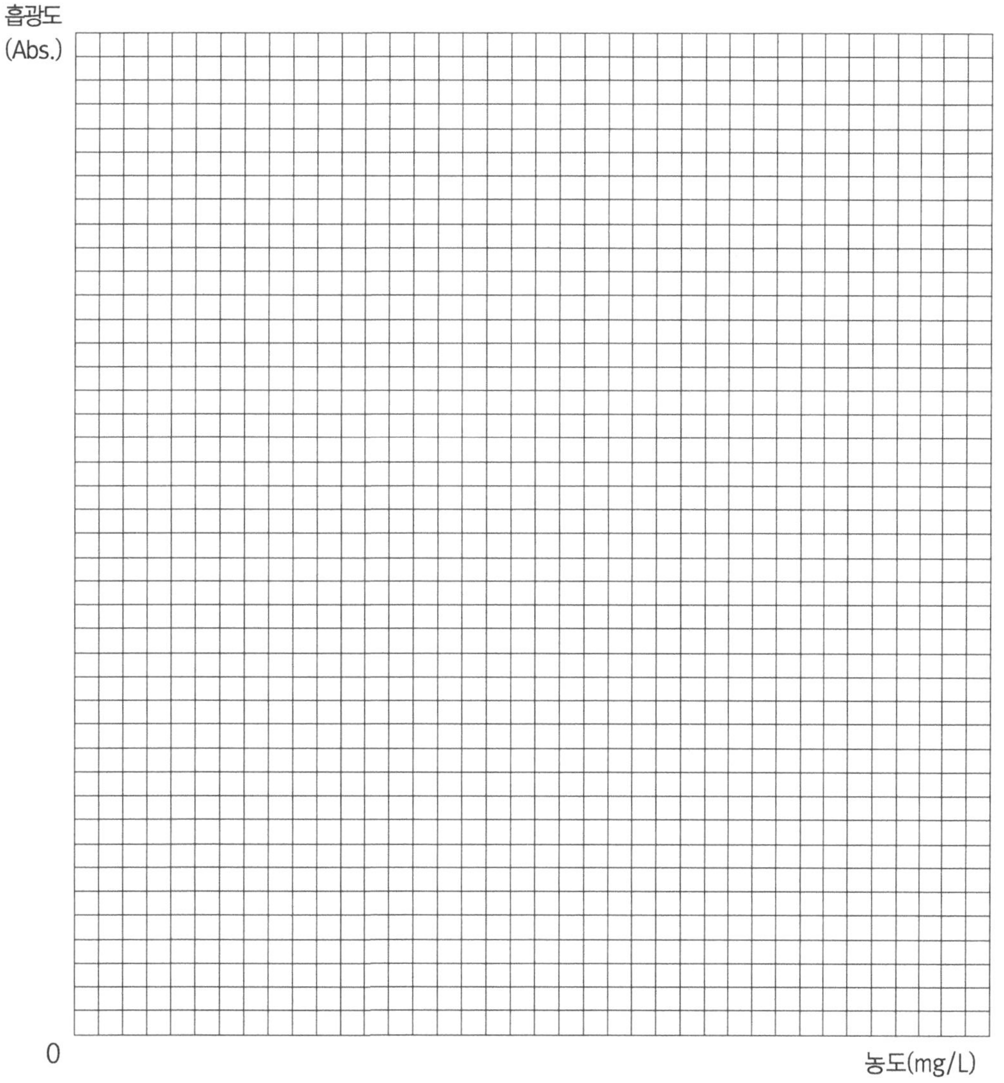

7. 회귀직선식(Y=AX+B) 및 상관계수(R)를 구하시오.

<table>
<tr><td>회귀선식($Y = A \cdot X + B$)

____________________</td><td rowspan="2">$$A = \frac{n(\Sigma XY) - (\Sigma X)\cdot(\Sigma Y)}{n\Sigma X^2 - (\Sigma X)^2}$$
$$B = \frac{(\Sigma X^2)\cdot(\Sigma Y) - (\Sigma X)\cdot(\Sigma XY)}{n\Sigma X^2 - (\Sigma X)^2}$$
$$R = \frac{n(\Sigma XY) - (\Sigma X)(\Sigma Y)}{\sqrt{[n\Sigma X^2 - (\Sigma X)^2][n\Sigma Y^2 - (\Sigma Y)^2]}}$$</td></tr>
<tr><td>상관계수(R), (소숫점 4째자리까지)

____________________</td></tr>
</table>

No.	X(mg/L)	Y(보정값)	X^2	Y^2	XY
1					
2					
3					
4					
Σ					

8. 실험분석 결과치를 이용하여 채취시료(미지시료)의 농도를 계산하고, 과정을 상세히 쓰시오.

시 료	흡광도
미지시료 1	
미지시료 2	
바탕시험액	

실험 4 총질소(T-N) 측정

1. 실험의 측정원리를 서술하시오.

시험방법

1. 시료의 전처리 : 미지시료의 전처리과정은 과황산칼륨분해 중 일부만을 적용한다.
   - 시료의 50 mL(질소함량이 0.1 mg 이상일 경우에는 희석)를 플라스크에 넣고 알칼리성 과황산칼륨용액(증류수로 대치한다) 10 mL를 넣어 흔들어 섞은 다음[고압증기멸균기에 넣고 가열한다. 약 120℃가 될 때부터 30분간 가열 분해병을 꺼내어 방냉한다.(생략부분)]

2. 전처리한 시료의 상등액 25 mL를 넣어 정확히 취하여 50 mL 또는 100 mL 용량플라스크에 옮긴다.

3. 이 용액 염산(1+16) 5 mL를 넣어 pH 2~3으로 하고 이 용액의 일부를 층장 10 mm 흡수셀에 옮겨 검액으로 한다. 따로 물 50 mL를 취하여 시료의 전처리 시험방법에 따라 시험하고 바탕시험액으로 한다.(pH를 2~3으로 맞추는 조작은 생략한다.)

4. 바탕시험액을 대조액으로 하여 220 nm에서 검액의 흡광도를 측정하고 미리 작성한 검량선 으로부터 총질소의 량을 구한다.

시약제조 방법

1. 질산성 질소 표준원액(0.1 mg NO_3-N/mL)
   - 건조한 질산칼륨(표준시약) 0.722 g을 정밀히 달아 물에 녹여 1000 mL로 한다.

2. 질산성 질소 표준용액(0.02 mg NO_3-N/mL) - 100 mL 제조기준
   - 표준원액 을 20 mL 분취하여 100 mL 용량플라스크에 넣고 증류수로 표선을 맞춘다.

3. 미지시료 1를 제조하시오.
   - 표준용액 5 mL + 증류수 → 100 mL

4. 미지시료 2를 제조하시오.
   - 표준용액 20 mL + 증류수 → 100 mL

5. 알칼리성 과황산칼륨용액(증류수로 대체한다)
   - 증류수 100 mL에 수산화나트륨 4 g을 녹인 다음 과황산칼륨 3 g을 넣어 녹인다.

6. 염산(1+16) 제조하시오.(100 mL 제조기준)
   - 염산1+16은 적당량의 증류수를 넣고, 염산을 5.8 mL를 넣은 후 증류수로 표선을 맞춘다.

7. 염산(1+500) 제조하시오.(100 mL 제조기준)
   - 염산(1+500)은 적당량의 증류수를 넣고, 염산을 0.2 mL를 넣은 후 증류수로 표선을 맞춘다.

검량선 작성

질산성질소 표준액(0.02 mg NO_3-N/mL) 2, 4, 8, 10 mL를 단계적으로 취하여 100 mL 용량플라스크에 넣고 물을 넣어 표선을 채운 다음, 이 액 25 mL씩을 정확히 취하여 각각 50 mL 용량플라스크 또는 비색관에 넣고 염산(1+500) 5 mL를 넣은 다음 시료의 시험방법에 따라 시험하여 질소의 양과 흡광도와의 관계선을 작성한다.

2. 흡광도를 측정하고, 결과를 토대로 검량선을 작성하시오.

검량시료량(mL)	흡광도
2	
4	
8	
10	
바탕시험액	

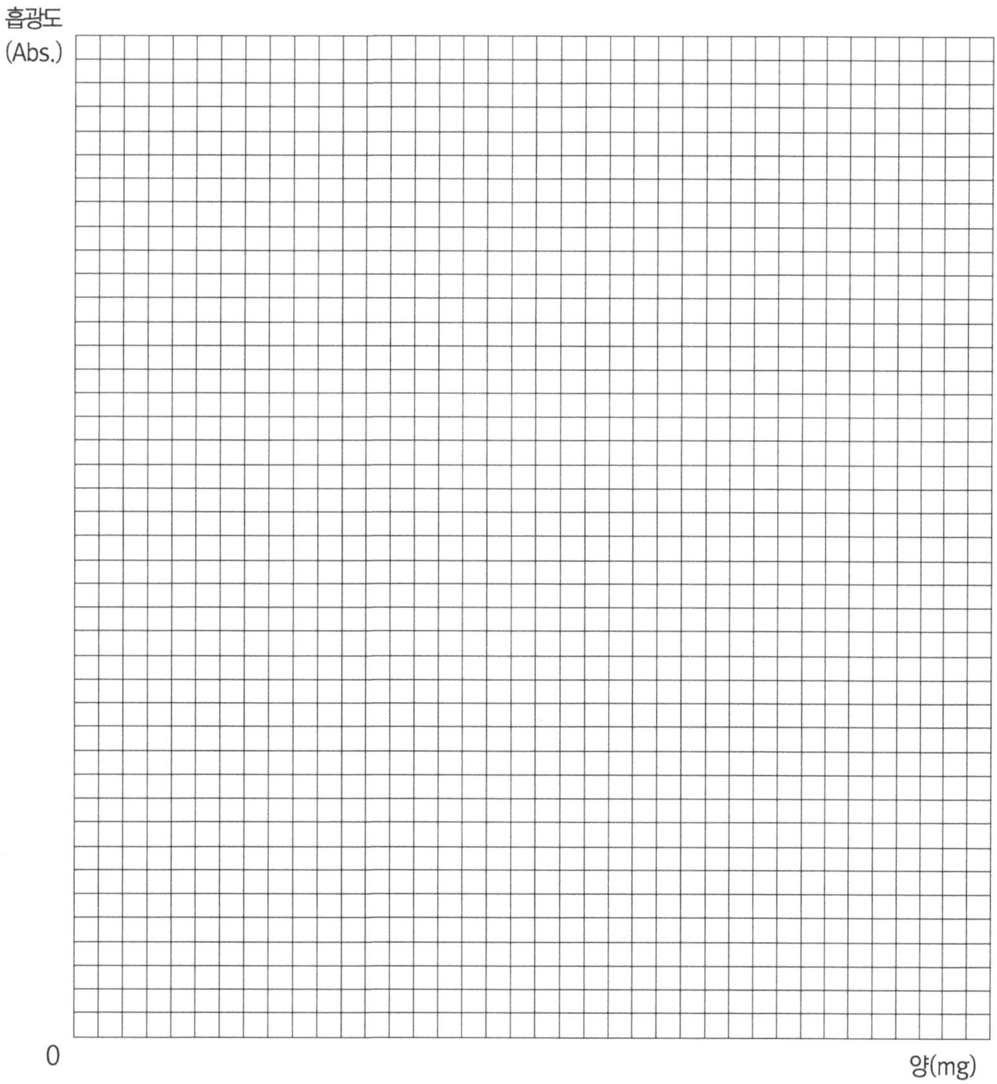

3. 회귀직선식(Y=AX+B) 및 상관계수(R)를 구하시오.

<table>
<tr><td>회귀선식($Y = A \cdot X + B$)</td><td rowspan="2">$$A = \frac{n(\Sigma XY) - (\Sigma X) \cdot (\Sigma Y)}{n\Sigma X^2 - (\Sigma X)^2}$$ $$B = \frac{(\Sigma X^2) \cdot (\Sigma Y) - (\Sigma X) \cdot (\Sigma XY)}{n\Sigma X^2 - (\Sigma X)^2}$$ $$R = \frac{n(\Sigma XY) - (\Sigma X)(\Sigma Y)}{\sqrt{[n\Sigma X^2 - (\Sigma X)^2][n\Sigma Y^2 - (\Sigma Y)^2]}}$$</td></tr>
<tr><td>상관계수(R), (소숫점 4째자리까지)</td></tr>
</table>

No.	X(mg)	Y(보정값)	X^2	Y^2	XY
1					
2					
3					
4					
Σ					

4. 실험분석 결과치를 이용하여 채취시료(미지시료)의 농도를 계산하고, 과정을 상세히 쓰시오.

시 료	흡광도
미지시료 1	
미지시료 2	
바탕시험액	

실험 5 총인(T-P) 측정

1. 실험의 측정원리를 서술하시오.

시험방법

1. 시료의 전처리 : 미지시료의 전처리과정은 과황산칼륨분해방법 중 일부만 적용한다. (질산-황산분해는 적용하지 않음)

● 과황산칼륨분해
시료 50 mL(인으로 0.06 mg 이하 함유)를 플라스크에 넣고 과황산칼륨용액(증류수로 대치한다) 10 mL를 넣어 마개를 닫고 섞은 다음 [고압증기멸균기에 넣어 가열한다. 약 120℃가 될 때부터 30분간 가열분해를 계속하고 분해병을 꺼내 방냉한다.(생략부분)]

● 질산-황산 분해
시료 50 mL(인으로 0.06 mg 이하 함유)를 킬달플라스크에 넣고 질산 2 mL를 넣어 액량이 약 10 mL가 될 때까지 서서히 가열 농축하고 방냉한다. 여기서 질산 2~5 mL와 황산 2 mL를 넣고 가열을 계속하여 황산의 백연이 격렬하게 발생할 때까지 가열한다. 분해가 끝나면 물을 넣고 중화시킨 후 50 mL용량플라스크에 옮기고 물을 넣어 표선까지 채운다.

2. 전처리한 시료의 상등액 25 mL를 취하여 50 mL 또는 100 mL 용량플라스크에 넣고 몰리브덴산암모늄-아스코르빈산혼액 2 mL를 넣어 흔들어 섞은 다음 15분간 방치한다.

3. 이용액의 일부를 층장 10 mm흡수셀에서 옮겨 검액으로 하고 따로 물 50 mL를 취하여 시료의 시험방법에 따라 시험하여 바탕시험액으로 한다.

4. 바탕시험액을 대조액으로 하여 880 nm에서 검액의 흡광도를 측정하고 미리 작성한 검량선으로 부터 총인의 량을 구한다.

시약제조 방법

1. 인산염 인 표준원액(0.1 mg PO_4-P/mL)
   - 건조한 인산이수소칼륨(표준시약) 0.439 g을 정밀히 달아 물에 녹여 1000 mL로 한다.

2. 인산염 인 표준액(0.005 mg PO_4-P/mL) - 200 mL 제조기준
   - 표준원액 일부를 먼저 비이커에 붓고 세척한 후 다시 표준액을 부어 피펫으로 10 mL를 취하여 200 mL용량플라스크에 넣고 표선을 맞춘다.

3. 미지시료 1를 제조하시오.
   - 표준용액 12 mL + 증류수 → 100 mL

4. 미지시료 2를 제조하시오.
   - 표준용액 40 mL + 증류수 → 100 mL

5. 몰리브덴산암모늄-아스코르브산 혼액
   - 몰리브덴산암모늄(4수화물) 1.2 g과 주석산안티몬칼륨 0.048 g을 물에 약 60 mL에 녹이고 황산(2+1) 24 mL와 술퍼민산암모늄 1 g을 넣어 녹인 다음 물을 넣고 100 mL로 하고 여기에 7.2% L-아스코르빈산용액 20 mL를 넣어 섞는다.

6. 황산(2+1) 제조하시오.(100 mL 제조기준)
   - 비이커에 증류수를 33.33 mL를 넣고 황산 66.67 mL를 여기에 넣는다.
     (황산이 증류수와 혼합되면 발열반응을 일으키므로 주의 해야함.)

7. 7.2% L-아스코르빈산 용액(50 mL 제조기준)
   - L-아스코르빈산암모늄 3.6 g을 정량하여 비이커에 넣고 소량증류수에 녹이고 이액을 50 mL용량플라스크에 넣고 2~3회 세척 후 이액도 용량플라스크에 넣고 표선을 맞춘다.

8. 과황산칼륨 용액은 증류수로 대신한다.

검량선 작성

인산염 인표준액(0.005 mg PO_4-P/mL) 5, 10, 15, 20 mL를 단계적으로 취하여 100 mL 둥근플라스크에 넣고 표선을 채운 다음 이 액 25 mL씩을 각각 50 mL 또는 100 mL 용량플라스크에 넣고 시험방법에 따라 시험하여 인의 양과 흡광도와의 관계선을 작성한다.

2. 흡광도를 측정하고, 결과를 토대로 검량선을 작성하시오.

검량시료량(mL)	흡광도
5	
10	
15	
20	
바당시험액	

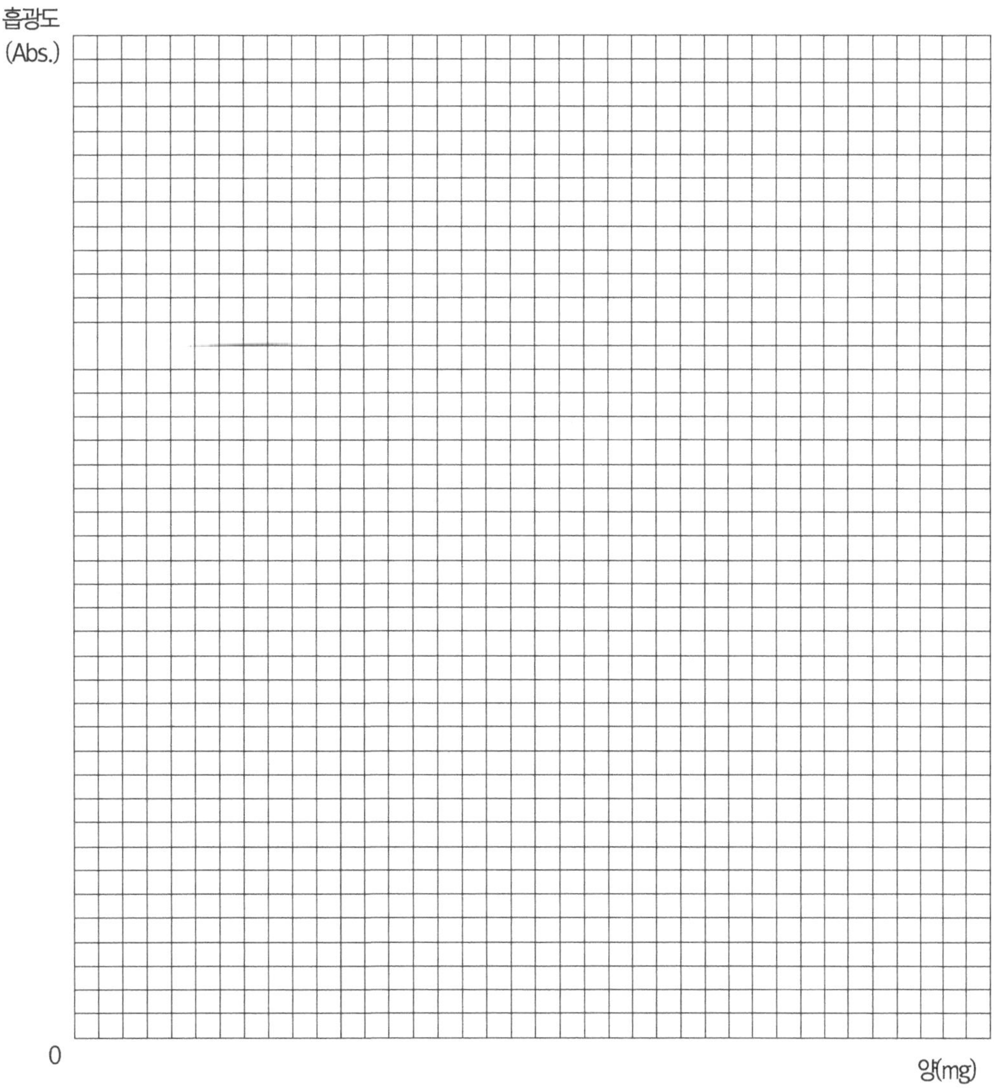

3. 회귀직선식(Y=AX+B) 및 상관계수(R)를 구하시오.

회귀선식($Y = A \cdot X + B$)	$A = \dfrac{n(\Sigma XY) - (\Sigma X)\cdot(\Sigma Y)}{n\Sigma X^2 - (\Sigma X)^2}$
상관계수(R), (소숫점 4째자리까지)	$B = \dfrac{(\Sigma X^2)\cdot(\Sigma Y) - (\Sigma X)\cdot(\Sigma XY)}{n\Sigma X^2 - (\Sigma X)^2}$ $R = \dfrac{n(\Sigma XY) - (\Sigma X)(\Sigma Y)}{\sqrt{[n\Sigma X^2 - (\Sigma X)^2][n\Sigma Y^2 - (\Sigma Y)^2]}}$

No.	X(mg)	Y(보정값)	X^2	Y^2	XY
1					
2					
3					
4					
Σ					

4. 실험분석 결과치를 이용하여 채취시료(미지시료)의 농도를 계산하고, 과정을 상세히 쓰시오.

시 료	흡광도
미지시료 1	
미지시료 2	
바탕시험액	

실험 6 철(Fe) 측정

1. 실험의 측정원리를 서술하시오.

시험방법

1. 전처리한 시료적당량(철로서 0.5 mg이하 함유)을 비이커에 넣고 질산(1+1) 2 mL를 넣고 끓인다. 물을 넣어 50~100 mL로 하고 암모니아수(1+1)를 넣어 약알카리성으로 한 다음 수 분간 끓여 침전을 생성시킨다.
(실험은 생략하고 제조된 미지시료를 50 mL를 취하여 실험을 수행한다.)

2. 염산(1+2) 6 mL를 가한다.

3. 100 mL 용량플라스크에 옮기고 물을 넣어 액량을 약 70 mL로 하고 염산히드록실아민 용액 (10 w/v%) 1 mL를 넣어 흔들어 섞는다.

4. O-페난트로핀용액 (0.1 w/v%) 5 mL를 넣어 흔들어 섞고 초산암모늄용액 (50 w/v%) 10 mL를 넣고 흔들어 섞은 다음 실온까지 냉각한다. 물을 넣어 표선까지 채워 흔들어 섞은 다음 20분간 방치하여 검액으로 한다.

5. 따로 물 50 mL를 취하여 시료의 시험방법에 따라 시험하여 바탕시험액으로 한다. 바탕시험액을 대조액으로 하여 층장 10 mm 흡수셀에 옮겨 510 nm에서 검액의 흡광도를 측정하고 미리 작성한 검량선으로부터 철의 양을 구하고 농도(mg/L)를 산출한다.

2. 실험방법 중 (1)의 과정을 거쳐야 하는 이유를 서술하시오.

3. 실험방법 (4)의 과정 중 초산암모늄용액의 역할을 서술하시오.

시약제조 방법

1. 철표준원액(1 mg-Fe/mL) 100 mL를 제조하시오.
   - 황산제일철암모늄6수화물 0.702 g을 염산(1+2) 2 mL와 소량의 증류수에 녹이고 증류수를 넣어 100 mL로 한다.

2. 철 표준용액(0.01 mg-Fe/mL) 500 mL를 제조 하시오.
   - 표준원액 5 mL에 증류수를 넣어 전량을 500 mL가 되게 증류수로 표선을 맞춘다.

3. 미지시료 1를 제조하시오.
   - 표준용액 200 mL + 증류수 → 500 mL

4. 미지시료 2를 제조하시오.
   - 표준원액 10 mL + 증류수 → 500 mL

5. 염산(1+2) 100 mL를 제조하시오.
   - 100 mL 용량플라스크에 증류수를 소량 넣고 여기에 염산 33.3 mL를 넣은 후 증류수로 표선을 맞춘다.

6. 염산히드록실아민용액(10 w/v%) 100 mL를 제조하시오.
   - 염산히드록실아민 10 g을 비커에 넣고 소량의 증류수에 녹여 이것을 100 mL 용량플라스크에 넣고 비커를 2~3회 세척하고 이액도 용량플라스크에 넣는다. 그리고 증류수로 표선을 맞춘다.

7. O-페난트로린용액(0.1 w/v%) 100 mL를 제조하시오.
   a. O-페난트로린 2염산염 0.12 g을 물에 녹여 100 mL로 한다.
   b. O-페난트로린수화물 0.2 g + 에틸알콜 20 mL + 증류수 → 100 mL

8. 초산암모늄용액(50 w/v%) 100 mL를 제조하시오.
   - 초산암모늄 50 g에 증류수를 적당량 넣어 완전히 녹인다. 이때 발열반응을 일으키므로 마그네틱스털러나 전자교반기를 사용하면 유리하나 마크네틱스털러는 세척에 유의하도록 한다. 녹인 액을 100 mL로 맞춘다.

검량선 작성

표준용액(0.01 mg-Fe/mL) 5, 10, 20, 40 mL를 단계적으로 4개 취하여 100 mL 용량플라스크에 염산 6 mL를 넣어 이하 시료의 시험방법중 “물을 넣어 액량을 약 70 mL로 하고 ......”에 따라 시험하여, 철의 양과 흡광도와의 관계선을 작성하시오. 또한 휘귀직선식과 그에 따른 상관계수(R)를 구하시오.

4. 흡광도를 측정하고, 결과를 토대로 검량선을 작성하시오.

검량시료량(mL)	흡광도
5	
10	
20	
40	
바탕시험액	

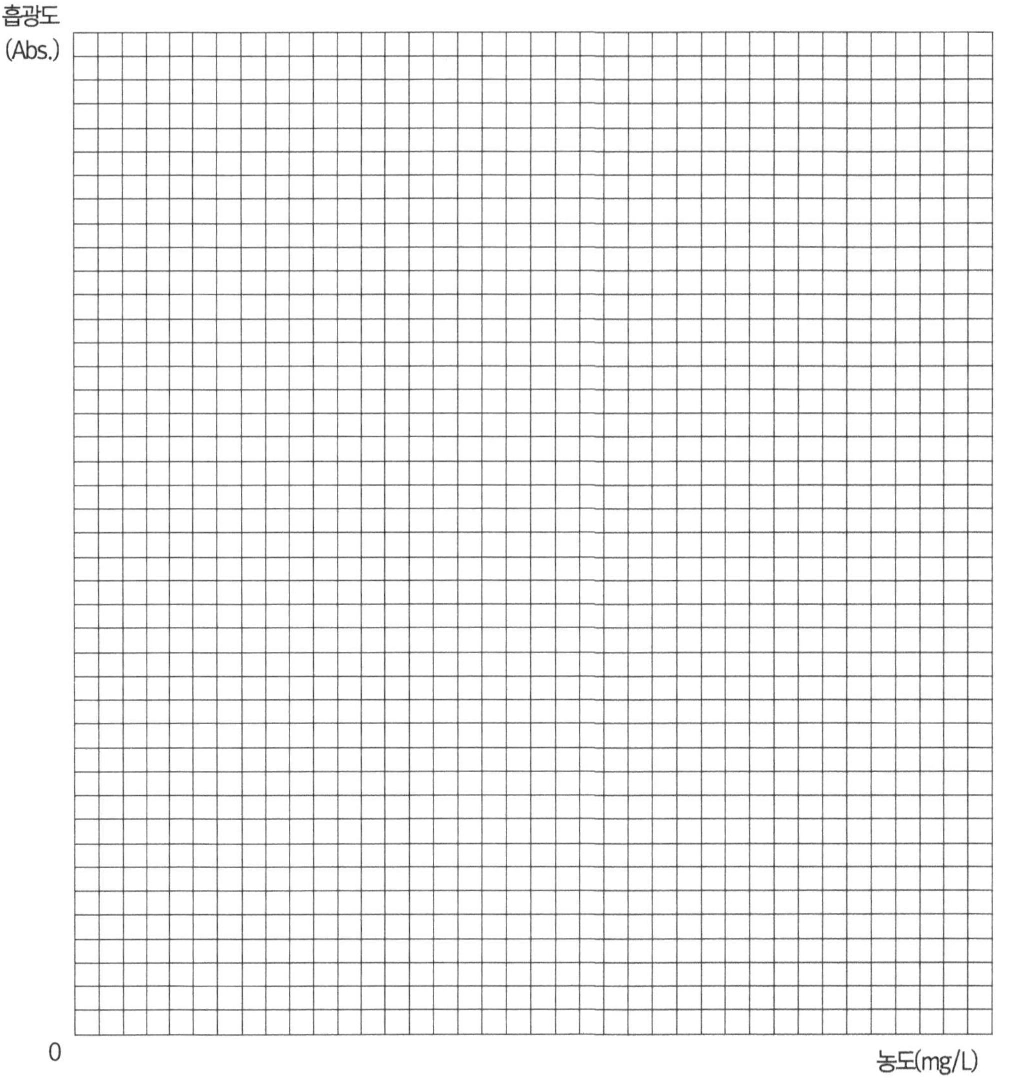

5. 회귀직선식(Y=AX+B) 및 상관계수(R)를 구하시오.

<table>
<tr><td>회귀선식($Y = A \cdot X + B$)

____________________</td><td rowspan="2">$$A = \frac{n(\Sigma XY) - (\Sigma X)\cdot(\Sigma Y)}{n\Sigma X^2 - (\Sigma X)^2}$$
$$B = \frac{(\Sigma X^2)\cdot(\Sigma Y) - (\Sigma X)\cdot(\Sigma XY)}{n\Sigma X^2 - (\Sigma X)^2}$$
$$R = \frac{n(\Sigma XY) - (\Sigma X)(\Sigma Y)}{\sqrt{[n\Sigma X^2 - (\Sigma X)^2][n\Sigma Y^2 - (\Sigma Y)^2]}}$$</td></tr>
<tr><td>상관계수(R), (소숫점 4째자리까지)

____________________</td></tr>
</table>

No.	X(mg)	Y(보정값)	X^2	Y^2	XY
1					
2					
3					
4					
Σ					

6. 실험분석 결과치를 이용하여 채취시료(미지시료)의 농도를 계산하고, 과정을 상세히 쓰시오.

시 료	흡광도
미지시료 1	
미지시료 2	
바탕시험액	

Chapter 4
대기분야 항목별 공정시험법

4.1 시료의 전처리

4.2 배출허용기준 시료채취방법

4.3 배출가스 중 굴뚝 배출 시료채취

4.4 굴뚝 먼지 시료채취

4.5 배출가스 중 암모니아 측정

4.6 배출가스 중 염화수소 측정

4.7 배출가스 중 황산화물(침전적정법) 측정

4.8 배출가스 중 황산화물(중화적정법) 측정

❖ 실험실습

4.1 시료의 전처리

이 시험 방법은 굴뚝 배출가스 및 대기환경 중에서 채취한 입자상 및 기체상 시료의 분석을 위한 시료 전처리 방법을 기술한다.

1 산 분해(Acid digestion)

필터에 채취한 무기질 시료를 용해시키기 위하여 단일산이나 혼합산(mixed acid)의 묽은산 혹은 진한산을 사용하여 오픈형 열판에서 직접 가열하여 시료를 분해하는 방법이다. 전처리에 사용하는 산류에는 염산(HCl), 질산(HNO_3), 플루오르화수소산(HF), 황산(H_2SO_4), 과염소산($HClO_4$) 등이 있는데 염산과 질산을 가장 많이 사용한다. 이 방법은 다량의 시료를 처리할 수 있고 가까이서 반응과정을 지켜볼 수 있는 장점이 있으나 분해 속도가 느리고 시료가 쉽게 오염될 수 있는 단점이 있다. 또 휘발성 원소들의 손실 가능성이 있어 극미량원소의 분석이나 휘발성 원소의 정량분석에는 적합하지 않다. 또한 산의 증기로 인해 열판과 후드 등이 부식되며, 분해 용기에 의한 시료의 오염을 유발할 수 있다. 질산이나 과염소산의 강한 산화력으로 인한 폭발 등의 안전문제 및 플루오르화수소산의 접촉으로 인한 화상 등을 주의해야 한다.

① 질산-염산법

시료를 채취한 여과지를 적당한 크기로 잘라서 250 mL의 둥근바닥 플라스크에 넣고 질산 15 mL와 염산 (1+1) 70 mL를 가한 다음 볼콘덴서를 연결하고 물중탕 중에서 1~2시간 환류 가열한다. 냉각 후 볼콘덴서를 물로 씻는다. 다시 물을 가하여 용액의 양을 약 150 mL로 하고 상층액을 따라 여과지 5 A를 써서 거른다. 이렇게 씻는 조작을 몇 번 반복하고 여과지는 질산 (2+98)으로 씻는다. 이 여과액과 씻은 액을 열판위에서 가열 증발시켜 소량으로 만든다. 다시 이 액을 물중탕 중에서 완전 건조될 때까지 가열한다. 건조 후 질산 (1+4) 25 mL를 가하고 찌꺼기를 가열하여 녹인다. 식힌 후 250 mL짜리 눈금플라스크에 옮겨 넣고 물을 표시선까지 가한다. 별도로 여과지에 대하여 같은 조작을 하여 바탕시험 용액으로 한다.

② 질산-과산화수소수법

시료를 채취한 여과지를 적당한 크기로 잘라서 250 mL의 둥근바닥 플라스크에 넣는다. 여기에 질산 (1+1) 60 mL와 과산화수소수 (30%) 10 mL를 가한 다음 볼콘덴서를 연결하고 물중탕에서 1~2시간 환류 가열한다. 가열 도중에 과산화수소수 (30%) 10 mL씩을 2회에 걸쳐 가한다.

냉각 후 볼콘덴서를 물로 씻고 상층액을 가만히 따라 여과지 5 A를 써서 거른다. 뜨거운 물 30 mL를 플라스크에 가하고 물중탕 중에서 5~10분간 가열하고 이것을 앞에서 사용한 필터를 써서 거른다. 이 조작을 반복하고 다시 따뜻한 질산 (2+98)으로 여과지를 씻는다. 여과액과 씻은 액을 물중탕 중에서 가열 증발시켜 건조되지 않을 정도로 농축한다(분석시 산의 농도에 의한 영향이 무시되는 경우에는 증발농축을 생략하고 식힌 후 물로서 250 mL로 한다). 여기에 질산 (1+4) 10 mL를 가하고 물중탕 중에서 가열하여 녹이고 식힌 후 250 mL짜리 눈금플라스크에 옮기고 질산 (2+98)으로 표시선까지 채운다. 별도로 여과지에 대하여 같은 조작을 하여 바탕시험용액으로 한다.

③ 질산법

시료를 채취한 여과지를 적당한 크기로 잘라서 250 mL 원뿔형 (conical) 비커에 넣고 질산 (1+5) 100 mL를 가한 다음 물중탕 중에서 30~60 분간 가열한다. 이하 『질산-과산화수소수법』의 여과 조작 이후에 따라 시험한다.

2 마이크로파 산분해(Microwave acid digestion)

마이크로파 산분해 방법은 원자흡수분광법 (atomic absorption spectrometry, AAS)이나 유도결합플라즈마방출분광법 (inductively coupled plasma-atomic emission spectroscopy, ICP-AES) 등으로 무기물을 분석하기 위한 시료의 전처리 방법으로 주로 이용된다. 이것은 일정한 압력까지 견디는 테플론 (teflon) 재질의 용기 내에 시료와 산을 가한 후 마이크로파를 이용하여 일정 온도로 가열해 줌으로써, 소량의 산을 사용하여 고압 하에서 짧은 시간에 시료를 전처리하는 방법이다.

대부분의 마이크로파 분해장치는 파장이 12.2 cm, 주파수가 2,450 MHz인 마이크로파를 발생시킨다. 이때 산 수용액 중의 시료는 산화되면서 마이크로파에 의한 빠른 분자 진동으로 분자결합이 절단되어 이온상태의 용액으로 분해된다. 이 방법은 고압에서 270℃까지 온도를 상승시킬 수 있어 기존의 대기압 하에서의 산분해 방법보다 최고 100배 빠르게 시료를 분해할 수 있고, 마이크로파 에너지를 조절할 수 있어 재현성 있는 분석을 할 수 있다. 유기물은 0.1~0.2 g, 무기물은 2 g 정도까지 분해시킬 수 있다. 시료의 분해는 닫힌계에서 일어나므로 외부로부터의 오염, 산 증기의 외부 유출, 휘발성 원소의 손실이 없다.

테플론 용기를 사용하므로 용기에 의한 금속의 오염이 없고, 고압 하에서 분해하므로 질산으로도 대부분의 금속을 산화시킬 수 있다. 따라서 과염소산과 같은 폭발성이 있는 위험한 산을 사용하지 않아도 되는 장점이 있다. 마이크로파 산분해 장치의 가격이 가정용 전자렌지에 비해 100배 이상 비싸고, 다량의 시료를 한꺼번에 처리할 수 없다는 단점이 있지만 지금까지 알려진 무기물 시료 전처리 방법 중 가장 효과적인 방법 중의 하나로서 필터에 채취한 시료의 전처리 방법은 다음과 같다.

- 깨끗이 세척한 세라믹 가위와 유리재질 형판을 사용하여 시료를 채취한 필터를 분석에 필요한 만큼의 크기로 절단한 다음, 절단한 필터를 조각으로 자른다. 그리고 비닐장갑이나 플라스틱 핀셋을 사용하여 자른 필터를 테플론 용기 (PFA)로 옮긴다. 피펫으로 5.5% HNO_3/16.7% HCl 혼합산 용액 10.0 mL를 가하여, 혼합산 용액이 필터를 완전히 덮도록 한다. 이때 마이크로파 산분해용 용기는 사용 전에 미리 진한 질산 (약 10 mL)으로 세척하고 비이온성 세제로 씻어낸 다음, 다시 증류수로 세척한 후 사용한다.
- 동일한 방법으로 12개 (마이크로파 분해장치의 부피에 따름)의 시료를 각각의 테플론 용기에 처리하여 넣은 후 마개를 단단히 닫는다. 이때 12개 중 1개의 용기에는 혼합산용액 10.0 mL만을 가하여 분석용 바탕용액으로 사용한다. 12개의 용기를 마이크로파 분해장치의 회전반에 고정하고, 1200 W 세기로 마이크로파를 10분간 상승시켜 180℃에서 10분간 유지한다 (단, 용기의 수가 12개 미만일 때는 마이크로파 세기를 1개당 약 5%의 비율로 줄여서 조사함). 마이크로파 조사가 끝나면 압력을 낮추고 용기를 상온으로 냉각시킨다.
- 볼텍스 믹서에서 2~3분간 혼합한 후 나일론 또는 테플론 주사기 필터 (0.45 μm)를 사용하여 부피플라스크 (25 mL)에 여과한다.

  다시, 3% HNO_3/8% HCl 용액 5 mL로 테플론 용기 [PFA (perfluoroalkoxy) 또는 PTFE (polytetrafluoroethylene)]를 세척하여 주사기 필터로 여과한 후 위의 여액과 합친다. 그리고 물을 사용하여 최종 부피가 25 mL가 되도록 부피플라스크에서 묽힌다. 이때 용출액은 3% HNO_3/8% HCl의 산 농도를 나타낸다.
- 별도로 바탕 필터를 사용하여 위와 동일한 조작을 행하고, 이를 바탕시험액으로 이용한다.

3 초음파 추출(Ultrasonic extraction)

단일산이나 혼합산을 사용하여 가열하지 않고 시료 중 분석하고자 하는 성분을 추출하고자 할 때 초음파 추출기를 이용한다.

『질산-염산 혼합액에 의한 초음파 추출법』의 실험방법은 다음과 같다.

- 시료를 채취한 필터를 적당한 크기로 잘라서 100 mL 비커에 넣고 1.03 M 질산과 2.23 M 염산의 혼합액 (1:1)을 30 mL 가한 다음 실링필름 (sealing film)으로 비커 뚜껑을 덮는다.
- 초음파 추출기에 100℃물을 비커의 시료액 높이만큼 채운 다음 초음파 추출기의 출력을 28 kHz로 하여 2시간 동안 추출한다.
- 초음파 처리가 끝나면 비커를 꺼내어 식힌 다음, 여과지 5 A와 깔때기를 이용하여 비커의 시료용액을 여과하고 증류수로 필터를 헹군다. 그리고 여과액을 100 mL 짜리 부피플라스크에 옮겨 최종 액량이 100 mL가 되도록 증류수를 가한다. 이때 최종 액의 질산-염산 농도는 질산 0.31 M + 염산 0.67 M (1:1)이며, 검정곡선 작성용 표준용액 제조 시에도 0.31 M 질산 + 0.67 M 염산 (1:1) 용액을 사용해야 한다.
- 별도로 바탕 필터를 사용하여 위와 동일한 조작을 행하고, 이를 바탕시험용액으로 이용한다.

4 회화법(Ashing)

회화법은 유기물 및 동식물 생체시료 중의 회분을 측정하기 위하여 일반적으로 사용하는 전처리 방법이다. 수분을 포함하는 시료는 건조기에서 건조한 후, 건조시료 1~10 g을 무게를 잰 백금접시, 백금도가니, 또는 사기도가니 등에 넣고 무게를 단다. 시료가 든 용기를 버너로 서서히 가열하여 450~550℃의 온도에서 재를 만든다. 생성물은 주로 금속 산화물로서 이를 산으로 용해한 후 분석한다. 이 방법은 처리과정이 비교적 단순하고 시료의 양에 제한이 없어 유기물에 포함된 미량의 무기물 분석에 적용한다. 그러나 용기에 의한 시료의 오염 가능성이 있고 고온 회화로 인한 휘발성 원소의 손실이 있을 수 있으며 전력 소모가 큰 단점이 있다.

- 시료를 채취한 원통여과지를 적당한 크기로 자르고, 자기도가니에 넣은 다음, 전기로를 써서 500℃에서 회화한 다음 백금도가니에 옮겨 넣는다(다량의 탄소를 함유하는 시료인 경우는 산화가 곤란하므로 충분히 시간을 갖고 회화할 필요가 있으며, 시료 중에 유기물과 유리탄소를 거의 함유하지 않는 경우는 이 조작을 생략하여도 좋다). 여기에 황산 (1+3) 몇 방울과 플루오르화수소산 20 mL를 가하고 통풍실 안에서 열판 위에 올려놓고 극히 서서히 가열한다. 황산의 흰 연기가 발생하기 시작하면 온도를 올려서 황산의 흰 연기가 없어질 때까지 가열한다. 방치하여 냉각한 후 황산 (1+3) 1~2 방울과 플루오르화수소산 5 mL를 가하고, 재차 황산의 흰 연기가 발생하지 않을 때까지 가열한다. 이어 백금도가니를 직화로 가열하여 서서히 온도를 올려서 황산의 흰 연기가 발생하지 않을 때까지 가열한 다음 방치하여 냉각한다.
- 용융제로서 탄산나트륨 2 g과 질산나트륨 0.1 g을 가한 다음 서서히 온도를 올려서 강열하여 녹이며, 이따금 도가니를 흔들어서 내용물을 잘 섞고 약 20분간 융해 조작을 계속한다. 방냉한 내용물을 백금도가니와 함께 200 mL 비커에 옮겨 넣고 소량의 온수를 가하여 물중탕에서 가열, 추출한다(역류방지기에 크롬이 붙어있는 경우에는 온수와 질산 (1+1) 몇 방울로서 추출하여 거르고 세척하여 자기도가니에 옮겨 거의 건조될 때까지 농축한 다음 주용액에 가한다).
- 분해가 어려운 시료를 녹일 때에는 먼저 쓴 용제에 다시 붕산나트륨 (무수) 0.2 g 정도를 가한다.

5 용매추출법(Solvent extraction)

- 적당한 용매를 사용하여 액체나 고체 시료에 포함되어 있는 성분을 추출하는 방법이다. 액체 시료의 추출은 분별 깔때기 (separatory funnel)를 이용하여 액체 시료와 용매를 격렬히 흔들어 액체 시료 중 용매에 가용성분을 추출한다. 이를 위해 시료와 용매의 두 층을 분리하고 추출하는 작업을 반복함으로써 액체 시료에 포함된 성분을 거의 추출할 수 있다. 용매는 추출하고자 하는 성분에 대한 용해도가 크고 분배계수 (partition coefficient)가 큰 것을 사용한다.
- 고체 시료를 추출할 때는 둥근바닥 플라스크 (round bottomed flask)에 고체 시료와 용매를 가하고 환류냉각관 (reflux condenser)을 달아서 용매의 끓는점 이상에서 수 시간 끓여 추출한 후 여과하여 추출물을 분리한다. 이때 시료와

용매의 부피는 플라스크의 반 이하가 되도록 한다. 이와 같은 방법으로 고체 시료 중의 성분이 쉽게 추출되지 않을 때는 속슬레 (soxhlet) 추출기를 이용한다. 속슬레 추출기는 원통형 여과지에 고체 시료를 넣고, 하부 플라스크에 용매를 넣어 끓이면 냉각기에서 응축된 용매가 여과지 위에 담긴 고체 시료에 떨어지면서 추출하는 방법으로, 사이펀 (siphon) 원리를 이용하여 용매가 재순환된다. 충분한 추출을 위해서는 일반적으로 12시간 이상을 추출한다.

6 전처리한 시료의 정제 및 농축방법

크로마토그래피를 이용하여 분석을 행하는 경우에 시료 중에 포함된 입자들은 컬럼의 수명에 나쁜 영향을 주기 때문에 시료를 주입하기 전에 반드시 여과 과정을 거쳐서 시료용액 중에 존재하는 입자를 제거해야 한다. 일반적인 입자 제거 방법으로는 여과, 원심분리, 침강 등이 있다. 여과하는 경우에 목적에 따라 여과지의 공극 크기 (pore size)와 수용성, 지용성 등의 여과지의 재질을 용도에 맞게 선택해야 한다. 여과지의 구멍 크기가 작을수록 더 깨끗한 용액을 얻을 수 있으나 여과시간이 오래 걸리는데 진공 여과로 시간을 단축할 수 있다. 고성능 액체 크로마토그래피 (HPLC)로 분석하는 시료들은 0.25~2 μm의 공극 크기를 가지는 여과지를 일반적으로 사용한다.

시료의 농도가 너무 묽어 분석기기의 검출한계를 벗어날 경우에는 적절한 농도가 되도록 용매를 휘발시켜 농축을 해야 한다. 이러한 목적으로 회전식 증발기 (rotary evaporator)가 일반적으로 사용된다. 묽은 시료용액을 플라스크에 넣고, 감압 하에서 회전시키면서 가열하면 용매가 증발하면서 시료용액은 농축되고 증발한 용매는 냉각기에서 응축하여 회수된다. 플라스크가 회전하기 때문에 과열되거나 돌비현상이 일어나지 않는다.

4.2 배출허용기준 시료채취방법

1 적용범위

연도, 연돌, 닥트 등(이하 연도라 한다)을 통해 대기중으로 배출되는 가스상 물질을 분석하기 위한 시료의 채취방법에 대하여 규정한다.

가스상 물질의 시료채취량은 표준상태로 환산한 건조시료가스의 양을 말한다.

2 시료채취 위치선정

시료가스 채취위치는 원칙적으로 먼지 시료의 채취규정에 따라 선정한다. 측정위치는 원칙적으로 굴뚝의 굴곡부분이나 단면모양이 급격히 변하는 부분을 피하여 배출가스 흐름이 안정되어 균일한 농도의 시료를 채취할 수 있다고 판정되는 지점으로 측정작업이 쉽고 안전한 곳을 선정한다.

3 측정공

선정된 측정위치에는 측정자의 안전과 측정작업을 위한 작업대와 측정공을 설치한다. 측정공은 측정위치로 선정된 굴뚝 벽면에 내경 100~150 mm 정도로 플랜지 형태로 설치한다. 측정시 이외에는 마개를 막아 밀폐하고, 측정시에도 흡입관 삽입 이외의 공간은 공기가 새지 않도록 밀폐한다.

4 시료채취 장치의 구성

흡수병, 포집병 등을 사용하는 경우에 시료의 채취장치는 다음의 요소로 구성된다.

채취관 ➡ 연결관 ➡ 채취부

① **채취관**

채취관, 충전 및 여과재의 재질은 배출가스의 조성, 온도 등을 고려해서 다음의 조건을 만족시키는 것을 선택한다.

- 화학반응이나 흡착작용 등으로 배출가스의 분석결과에 영향을 주지 않는 것
- 배출가스 중의 부식성 성분에 의하여 잘 부식되지 않는 것
- 배출가스의 온도, 유속 등에 견딜 수 있는 충분한 기계적 강도를 있을 것
- 채취관은 흡입가스의 유량, 채취관의 기계적 강도, 청소의 용이성 등을 고려해서 안지름 6~25 mm 정도의 것을 쓴다.
- 배출가스의 온도가 높을 때에는 관이 구부러지는 것을 막기위한 조치를 해두는 것이 필요하다.
- 먼지가 섞여 들어오는 것을 줄이기 위해서 채취관의 앞 끝의 모양은 직접 먼지가 들어오기 어려운 구조의 것이 좋다.

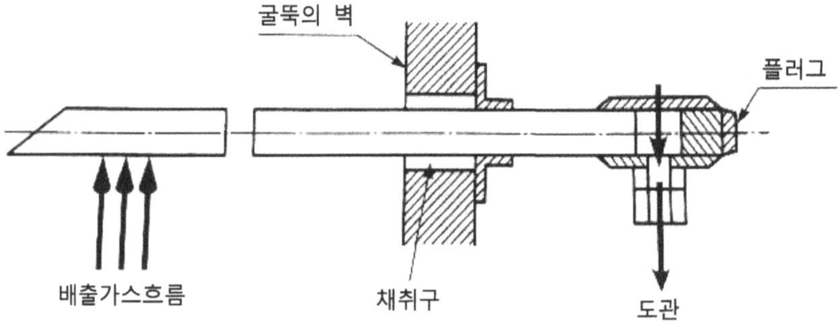

[그림 4.1] 채취관.

② **여과재는 시료 중에 먼지 등이 섞여 들어오는 것을 막기 위하여 필요에 따라서 채취관의 적당한 위치에 여과재를 넣으며 다음의 조건을 고려한다.**

- 여과재는 먼지의 제거율이 좋고 압력손실이 적으며 흡착, 분해작용 등이 일어나지 않는 것을 쓴다.
- 여과재를 끼우는 부분은 교환이 쉬운 구조의 것으로 한다. 여과지를 채취관 앞쪽에 넣는 경우 입자에 의해 채취관이 막히지 않도록 적절한 조치를 취한다.

③ **채취관은 다음 경우에는 보온 및 가열을 하여야 한다. 가열은 전기가열 또는 수증기 가열에 의한다.**

- 배출가스 중의 수분 또는 이슬점이 높은 가스성분이 응축해서 채취관이 부식될 염려가 있는 경우, 여과재가 막힐 염려가 있는 경우, 분석대상 가스가 응축수에 용해되어 오차가 생길 염려가 있는 경우에는 채취관을 보온 또는 가열한다.
- 보온 재료는 암면, 유리섬유제 등을 쓰고 가열은 전기가열, 수증기 가열 등의 방법을 쓴다. 전기가열 채취관을 쓰는 경우에는 가열용 히터를 보호관으로 보호하는 것이 좋다.

④ **채취부는 가스 흡수병, 바이패스용 세척병, 펌프, 가스미터 등으로 구성한다. 접속부는 갈아 맞춤, 실리콘 고무, 불소고무 또는 연질 염화비닐관을 쓴다.**

- 흡수병 : 유리로 만든 것으로 분석대상 가스에 따라서 쓴다.
- 수은 마노미터 : 대기와 압력차가 100 mmHg 이상인 것을 쓴다.
- 가스건조탑 : 유리로 만든 가스건조탑을 쓴다. 이것은 펌프를 보호하기 위해서 쓰는 것이며 건조재로서는 입자상태의 염화칼슘 등을 쓴다.
- 펌 프 : 배기능력 0.5~5 L/min인 밀폐형인 것을 쓴다.
- 가스미터 : 일회전 1 L의 습식 또는 건식 가스미터로 온도계와 압력계가 붙어 있는 것을 쓴다.

(a) 흡수병을 쓰는 경우(시료 채취량 10~20 L의 경우)

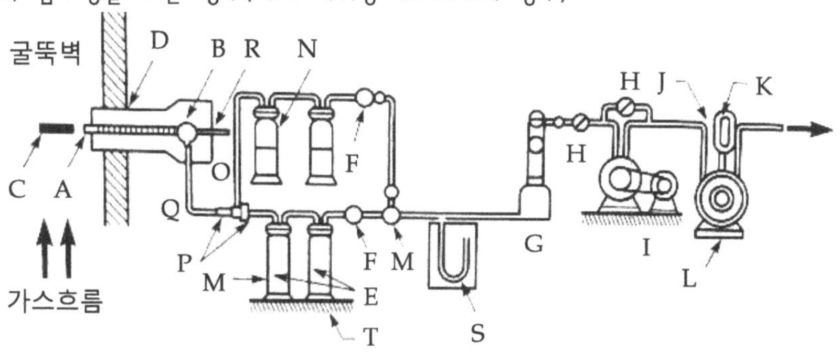

A : 시료채취관 B : 연결관 C : 여과재 D : 보온재 E : 흡수병
F : 유리 필터 G : 가스 건조탑 H : 유량 조절 콕크 I : 밀폐식 흡인펌프
J : 온도계 K : 압력계 L : 습식 가스미터 M : 3방 콕크
N : 바이패스용 세척병(E와 같은 것) O : 실리콘 고무판 P : 구면 갈아맞춤 이음판
Q : 히이터 R : 온도계[(2)] S : 수은 마노미터 T : 조절대

주[(2)] 가스의 온도를 알고 있을 때는 온도계를 생략하여도 좋다.

(b) 흡수병을 쓰는 경우(시료 채취량 100~1000 mL의 경우)

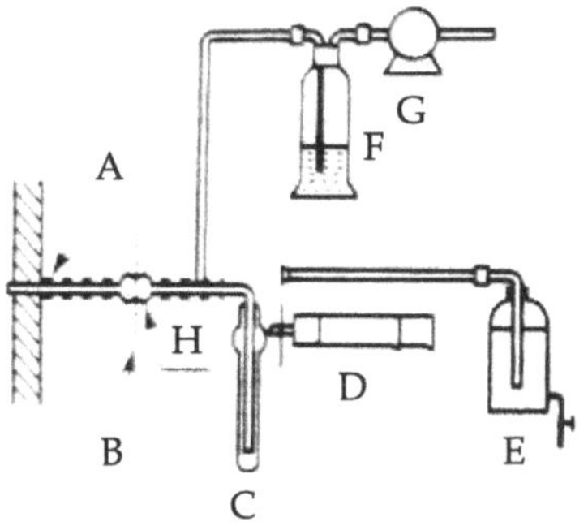

A : 시료 채취관　B : 여과재
C : 흡수병　D : 주사통
E : 흡인병　F : 세척병
G : 흡인펌프 또는 고무구
H : 히이터
*비고 : E를 쓰는 경우에는 C와 E를 접속한다.

(c) 포집병을 쓰는 경우(시료가스 채취량이 적은 경우)

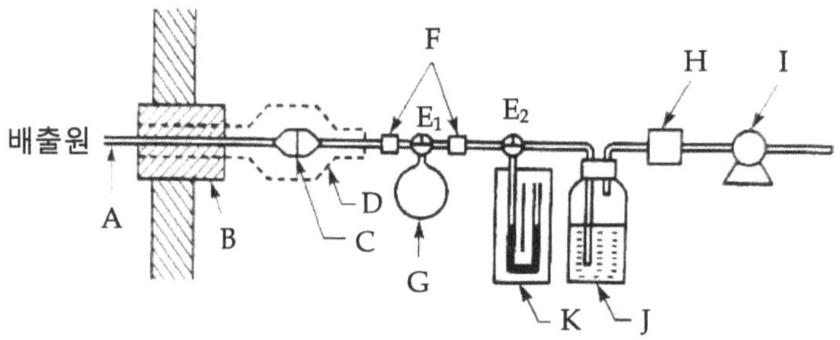

A : 시료가스 채취관
B : 보온재
C : 여과재
D : 히이터
E : 3방 콕크(E_1, E_2)
F : 실리콘 고무관
G : 포집병
H : 건조제
I : 흡인펌프
J : 세척병
K : 진공 마노미터

(d) 채취병을 쓰는 경우(시료 채취관이 적은 경우)

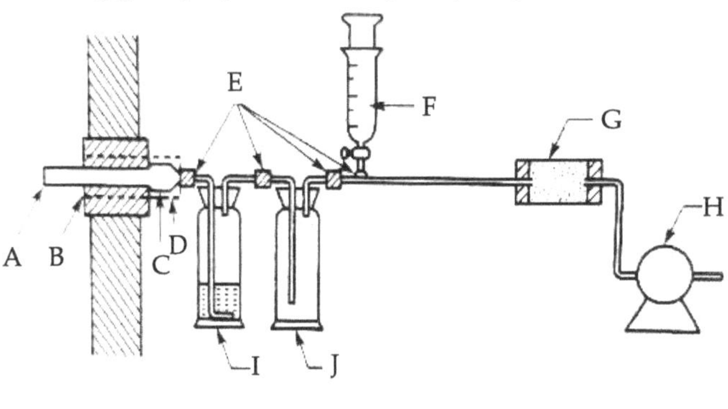

A : 시료가스 채취관
B : 보온재
C : 여과재
D : 히이터
E : 실리콘 고무
F : 주사통
G : 건조제
H : 흡인펌프 또는 고무구
I : 흡수병(방해물질 제거용)
J : 트랩

[그림 4.2] 채취부의 구성.

⑤ 흡수병을 사용할 때 채취관은 배출가스의 흐름에 따라서 직각이 되도록 연결한다. 채취관은 채취구에 고정쇠를 써서 고정한다. 채취구에는 굴뚝에 바깥지름 34 mm 정도의 강철관을 100~150 mm의 길이로 용접하고, 끝에 나사를 낸다. 쓰지 않을 때에는 뚜껑을 덮어둔다.

⑥ 채취관에 유리솜을 채워서 여과재로 쓰는 경우에는 그 채우는 길이는 50~150 mm 정도로 한다. 굴뚝가스의 압력이 부압일 때는 기체의 흐름속으로 또 흡입속도가 너무 클때는 연결관 쪽으로 각각 여과재가 빨려 들어가는 경우가 있으므로 주의할 필요가 있다.

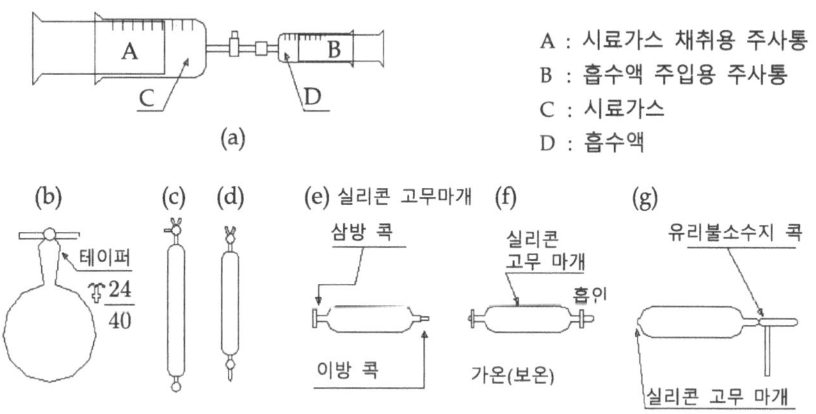

[그림 4.3] 채취병.

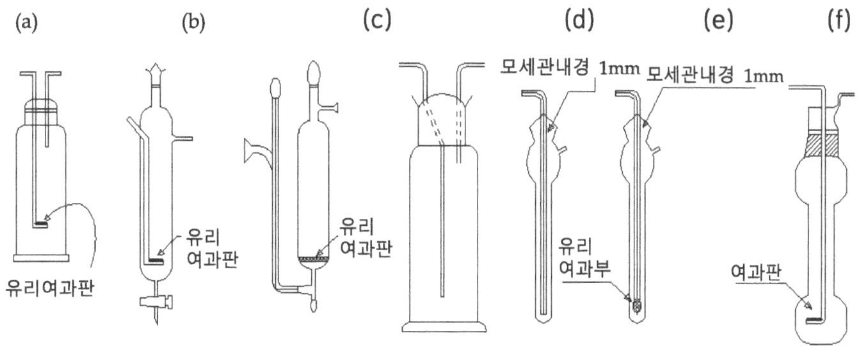

[그림 4.4] 흡수병.

[표 4.1] 분석대상 가스의 종류별 흡수병 및 채취병

분석물질	흡수병 및 채취병	
	모양(그림번호)	부피 (mL)
암모니아	(a)(g)	250
염화수소	(a)(b)(c)(d)(g)	100 ~ 250
염소	(e)(f)	40
황산화물	(a)(b)(c)(g)	150 ~ 250
질소산화물1	(a)	100, 40
	(b)	1,000
이황화탄소	(a)(g)	150 ~ 250
포름알데히드	(e)(f)	40
황화수소	(d)(e)	40
불소화합물	(a)(b)(c)(g)	250
시안화수소	(e)(f)	200
	(e)	40
브롬	(d)	100
벤젠	(g)	1,000
	(e)	250
페놀	(e)(f)(g)	1,000
	(a)(b)(c)(g)	150 ~ 200
비소	(a)(b)(c)(g)	200

비고 : 1. 질소산화물 채취병은 [그림 4.3] 참조, 그 외에는 [그림 4.4] 참조

⑦ 연결관은 되도록 짧은 것이 좋으나, 부득이 길게 할 때에는 받침 기구를 써서 고정한다. 채취관과 연결과, 연결관과 채취부 등의 접속은 구면 또는 테이퍼 접속기구를 쓴다.

⑧ 채취부 분석용 흡수병은 1개 이상 준비하고 각각에 규정량의 흡수액을 넣는다. 분석물질별 분석방법 및 흡수액은 표 4.2에 나타내었다.

- 바이패스용 세척병은 1개 이상 준비하고 분석물질이 산성일 때는 수산화소듐 용액(NaOH, Sodium chloride, MW : 40, 질량분율 20%)을, 알칼리성일 때는 황산(H_2SO_4, Sulfuric acid, MW : 98.07, 특급, 질량분율 25%)을 각각 50 mL씩 넣는다.

- 흡수계 및 바이패스계의 세척병 입구측, 출구측은 각각 3방콕으로 연결한다.
- 흡수병 등의 접속에는 구면 갈아맞춤(직접접속) 또는 실리콘 고무판 등을 쓴다.
- 흡수병은 되도록 채취위치 가까이에 놓고 필요에 따라서 냉각 중탕에 넣어서 냉각한다.

[표 4.2] 분석물질별 흡수액

분석물질	분석방법	흡수액
암모니아	• 인도페놀법 • 중화적정법	• 붕산 용액(질량분율 0.5%)
염화수소	• 이온크로마토그래피법 • 티오시안산제2수은법	• 수산화소듐 용액(0.1 N)
염소	• 오르토톨리딘법	• 오르토톨리딘염산염 용액
황산화물	• 침전적정법 • 중화적정법	• 과산화수소수 용액(3%)
질소산화물	• 아연환원나프틸에틸렌다이아민법 • 페놀디설폰산법	• 증류수 • 황산+과산화수소+증류수
이황화탄소	• 흡수분광법 • 가스크로마토그래프법	• 다이에틸아민동 용액
포름알데히드	• 크로모트로핀산법 • 아세틸아세톤법	• 크로모트로핀산+황산 • 아세틸아세톤 함유 흡수액
황화수소	• 흡수분광법 • 적정법	• 아연아민착염 용액
불소화합물	• 흡수분광법 • 적정법	• 수산화소듐 용액(0.1 N)
시안화수소	• 질산은적정법 • 피리딘 피라졸론법	• 수산화소듐 용액(질량분율 2%)
브롬화합물	• 흡수분광법 • 적정법	• 수산화소듐 용액(질량분율 0.4%)
벤젠	• 흡수분광법 • 가스크로마토그래프법	• 질산암모늄+황산(1 → 5)
페놀	• 흡수분광법 • 가스크로마토그래프법	• 수산화소듐 용액(질량분율 0.4%)
비소	• 흡수분광법 • 원자흡수분광법	• 수산화소듐 용액(질량분율 4%)

⑨ 채취관, 충전 및 여과지의 재질은 일반적으로 분석물질, 공존가스 및 사용온도 등에 따라서 표 4.3에 나타낸 것 중에서 선택한다.

[표 4.3] 분석물질의 종류별 채취관 및 연결관 등의 재질

분석물질, 공존가스	채취관, 연결관의 재질	여과재	비 고
암모니아	①②③④⑤⑥	ⓐ ⓑ ⓒ	① 경질유리
일산화탄소	①②③④⑤⑥⑦	ⓐ ⓑ ⓒ	② 석영
염화수소	①② ⑤⑥⑦	ⓐ ⓑ ⓒ	③ 보통강철
염소	①② ⑤⑥⑦	ⓐ ⓑ ⓒ	④ 스테인리스강 재질
황산화물	①② ④⑤⑥⑦	ⓐ ⓑ ⓒ	⑤ 세라믹
질소산화물	①② ④⑤⑥	ⓐ ⓑ ⓒ	⑥ 불소수지
이황화탄소	①② ⑥	ⓐ ⓑ	⑦ 염화비닐수지
포름알데히드	①② ⑥	ⓐ ⓑ	⑧ 실리콘수지
황화수소	①② ④⑤⑥⑦	ⓐ ⓑ ⓒ	⑨ 네오프렌
불소화합물	④ ⑥	ⓒ	
시안화수소	①② ④⑤⑥⑦	ⓐ ⓑ ⓒ	
브롬	①② ⑥	ⓐ ⓑ	ⓐ 알칼리 성분이 없는 유리솜
벤젠	①② ⑥	ⓐ ⓑ	또는 실리카솜
페놀	①② ④ ⑥	ⓐ ⓑ	ⓑ 소결유리
비소	①② ④⑤⑥⑦	ⓐ ⓑ ⓒ	ⓒ 카보런덤

5 시료 채취량 계산(흡수병 사용시)

흡수병에 시료를 보내기 전에 바이패스 등을 써서 배관속을 시료로 충분히 바꾸어 놓는다. 시료의 흡입유량은 최고 2 L/min정도(염화수소 등과 같이 완전히 흡수되는 것이 확실한 경우에는 4 L/min)로 한다. 채취하는 시료량은 시료 중의 분석대상 성분의 농도에 따라서 증감한다.

시료를 채취할 때는 시료의 부피를 측정하는 위치에서 동시에 가스미터상의 온도, 압력 및 대기압을 측정해 가스량 산출시 활용한다.

긴조시료가스 채취량(L)은 나음 식에 따라 계산한다.

① 습식 가스미터를 사용할 시

$$Vs = V \times \frac{273}{273+t} \times \frac{Pa+Pm-Pv}{760}$$

② 건식 가스미터를 씻을 때

$$Vs = V \times \frac{273}{273+t} \times \frac{Pa+Pm}{760}$$

여기서, V : 가스미터로 측정한 흡인가스량 (L)

Vs : 건조시료 가스 채취량(L)

t : 가스미터의 온도(℃)

Pa : 대기압(mmHg)

Pm : 가스미터의 게이지압(mmHg)

Pv : t℃에 있어서 포화수증기압

6 주의사항

① 채취에 종사하는 사람은 2인 1조로 한다.

② 연도 배출가스의 조성, 온도 및 압력과 작업환경 등을 잘 알아 둔다.

③ 바람의 방향을 확인하여 바람이 부는 쪽에서 작업한다.

④ 안전장비를 구비한다.(안전화, 드라이아이스자켓 등)

연습문제

1. 연도배출가스용 시료 채취관의 재질을 선택하는데 배출가스의 조성, 온도 등을 고려하여 다음 조건을 만족시킬 수 있는 것을 선택해야 한다. 다음 조건 중 적당치 않는 것은?

   ① 화학반응이나 흡착작용으로 배출가스의 분석결과에 영향을 주지 않을 것

   ② 배출가스 중의 부식성분에 의하여 잘 부식되지 않을 것

   ③ 배출가스의 온도, 유속에 대하여 충분히 견딜 수 있는 기계적 강도를 갖는 것

   ④ 불소화합물이 함유된 경우에는 경질유리나 석영으로 된 재질일 것

2. 연도 배출가스 시료채취 장치로서 꼭 필요하지 않는 것은?

   ① 시료가스　　② 채취관 적산유량계

   ③ 등속흡인을 위한 흡인 노즐　　④ 흡인펌프 또는 진공펌프

3. 다음은 연도 배출가스 시료채취 장치에 관한 설명이다. 틀린 것은?

   ① 시료채취장치의 재질은 배출가스의 조성이나 온도를 고려하여 선택한다.

   ② 채취관의 치수는 안지름 6~25 mm, 길이는 채취점까지 충분히 끼워 넣을 수 있는 것이어야 한다.

   ③ 시료 중에 먼지 등이 썩어 들어오는 것을 방지하기 위하여 사용하는 여과재는 먼지 제거율이 좋고, 압력손실이 적은 것을 쓴다.

   ④ 시료채취관은 반드시 보온 또는 가열해야 한다.

4. 시료 채취관 또는 도관의 재질을 경질유리나 석영을 쓸 수 없는 분석대상 가스는?

   ① 일산화탄소　　② 염화수소　　③ 불소화합물　　④ 시안화합물

5. 다음은 가스상 물질 시료채취시 주의 사항이다. 틀린 것은?

① 채취에 종사하는 사람은 보통 3인 1조로 한다.

② 바람이 부는 쪽에서 작업한다.

③ 작업환경이 고온인 경우에는 드라이아이스 저켓 등을 입는다.

④ 연도내 압력이 극도로 부압 (-300 mm H_2O)일 때는 시료 채취용 연도를 부설한다.

6. 다음은 흡습관에 의해 배출가스 중 수분을 측정하기 위한 방법을 설명한 것이다. 틀린 것은?

① 장치는 흡입관, 흡습관, 가스흡인장치, 적산유량계 등으로 구성한다.

② 흡습관에는 무수염화칼슘을 흡습제로 채운다.

③ 배출가스 흡인량은 흡습한 수분이 100 mg ~ 1 g정도가 되도록 한다.

④ 배출가스의 온도가 대기온도보다 높다 하더라도 냉각시킬 필요는 없다.

정답

1.④ 2.③ 3.④ 4.③ 5.① 6.④

4.3 배출가스 중 굴뚝 배출 시료채취

굴뚝, 덕트 등(이하 "굴뚝"이라 한다)을 통하여 대기 중으로 배출되는 가스상 및 입자상 물질, 그리고 배출가스 중 휘발성유기화합물(Volatile Organic Compounds, VOCs)을 분석하기 위한 시료의 채취방법에 대하여 규정한다.

1 측정위치, 측정공의 선정

측정위치는 원칙적으로 굴뚝의 굴곡부분이나 단면모양이 급격히 변하는 부분을 피하여 배출가스 흐름이 안정되고 측정 작업이 쉽고 안전한 곳을 선정한다.

수직굴뚝 하부 끝단으로부터 위를 향하여 그곳의 굴뚝 내경의 8배 이상이 되고, 상부 끝단으로부터 아래를 향하여 그곳의 굴뚝내경의 2배 이상이 되는 지점에 측정공 위치를 선정하는 것을 원칙으로 한다. 기준에 적합한 측정공 설치가 곤란하거나 측정 작업의 불편, 측정자의 안전성 등이 문제될 때에는 하부 내경의 2배 이상과 상부 내경의 1/2배 이상 되는 지점에 측정공 위치를 선정할 수 있다. 수평굴뚝에서 배출가스 시료채취를 하는 경우에 외부공기가 새어들지 않고 굴뚝에 요철부분이 없는 곳으로서 굴뚝의 방향이 바뀌는 지점으로부터 굴뚝내경의 2배 이상 떨어진 곳을 측정 위치로 선정할 수 있다.

2 측정공의 규격

선정된 측정위치에는 측정 작업을 위한 측정공이 설치되어야 하는데, 측정공은 그림 4.5와 같이 측정위치로 선정된 굴뚝 벽면에 내경 100~150 mm 정도로 설치하고 측정 시 이외에는 마개를 막아 밀폐하고 측정 시에도 흡입관 삽입 이외의 공간은 공기가 새지 않도록 밀폐되어야 한다.

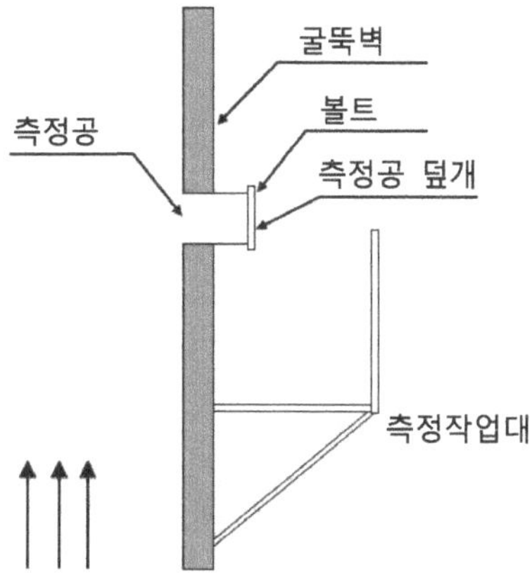

[그림 4.5] 측정공의 구조(예).

3 측정작업대

측정자의 안전을 위한 작업대가 설치되어야 한다. 측정작업대는 측정 장비의 설치와 측정자의 작업을 쉽게 하기 위하여 충분히 크고 견고해야 한다. 보통 그 크기는 측정 장비를 설치하고 2~3인의 측정 작업자가 충분히 작업할 수 있는 공간과 지지력이 마련되어야 한다. 또한, 측정작업대까지 오르기 위한 적당한 승강시설을 그림 4.6의 시설 등과 같이 굴뚝에 견고히 설치하여 측정자의 안전을 보호하고 장비의 운반 및 측정을 위한 도르래, 전기 등의 시설을 설치하여야 한다.

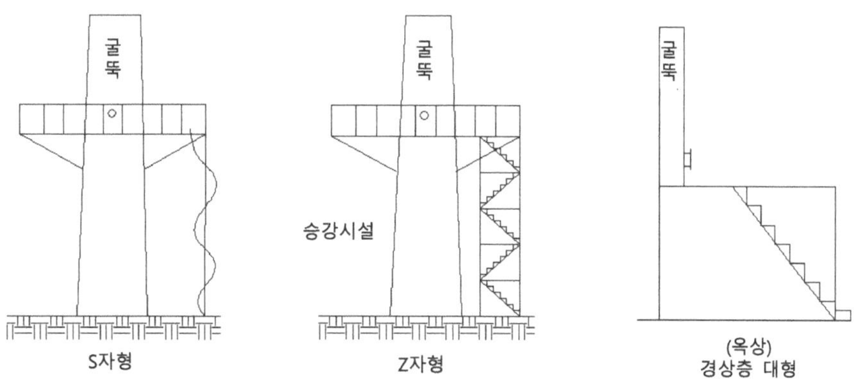

[그림 4.6] 안전한 승강시설의 구조(예).

4.4 굴뚝 먼지 시료채취

굴뚝의 시료채취는 Stack Sampler라는 시료채취장치로 사업장 굴뚝에서 배출되는 배출가스 중 배출허용기준이 설정된 먼지 채취에 적합한 장비와 숙련된 인력만이 작업을 수행할 수 있다.

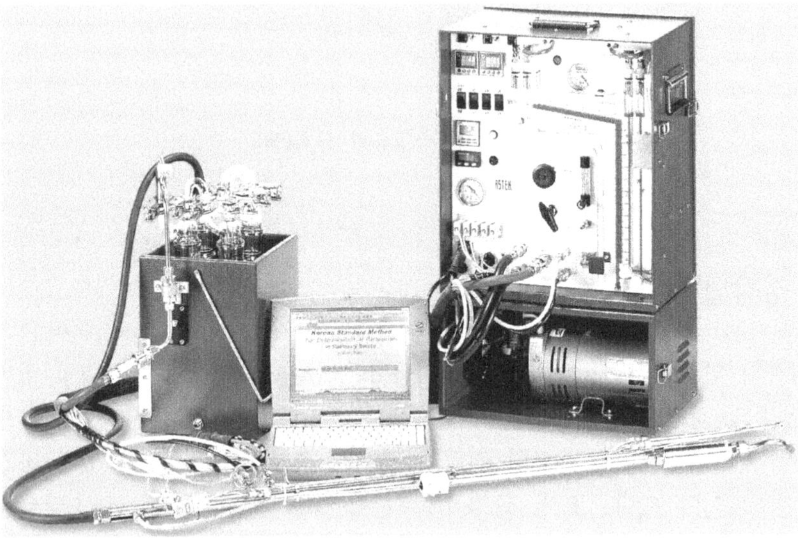

[그림 4.7] 굴뚝 시료채취장치(Stack Sampler).

1 채취방법의 종류

먼지 시료 채취에는 측정점마다 각각 채취기를 투입하여 채취하는 각점 채취법, 한 개의 채취기로 측정점을 이동하면서 채취하는 이동 채취법, 정해진 대표점에서 한 개 이상 채취기를 사용하여 채취하는 대표점 채취법 중에서 가능한 방법을 선택한다.

2 채취장치의 구성-반자동 채취기에 의한 방법

반자동 먼지 시료 채취 장치는 흡인노즐, 흡인관, 피토우관, 여과지홀더, 여과부 가열장치, 임핀저 트레인, 가스 흡입 및 유량측정부 등으로 구성된다. 여과지홀더 위치에 따라 I형(굴뚝 안)과 II형(굴뚝 밖)으로 구분된다.

국내에서 대기 먼지 배출 사업장의 먼지만 채취하는 경우에는 원통형 여지가 굴뚝 안으로 들어간 I형을 대부분 사용하고 다이옥신 등 특별한 먼지나 가스를 동시에 채취하는 경우에는 II형을 사용함으로 I형 채취기가 일반적으로 사용된다.

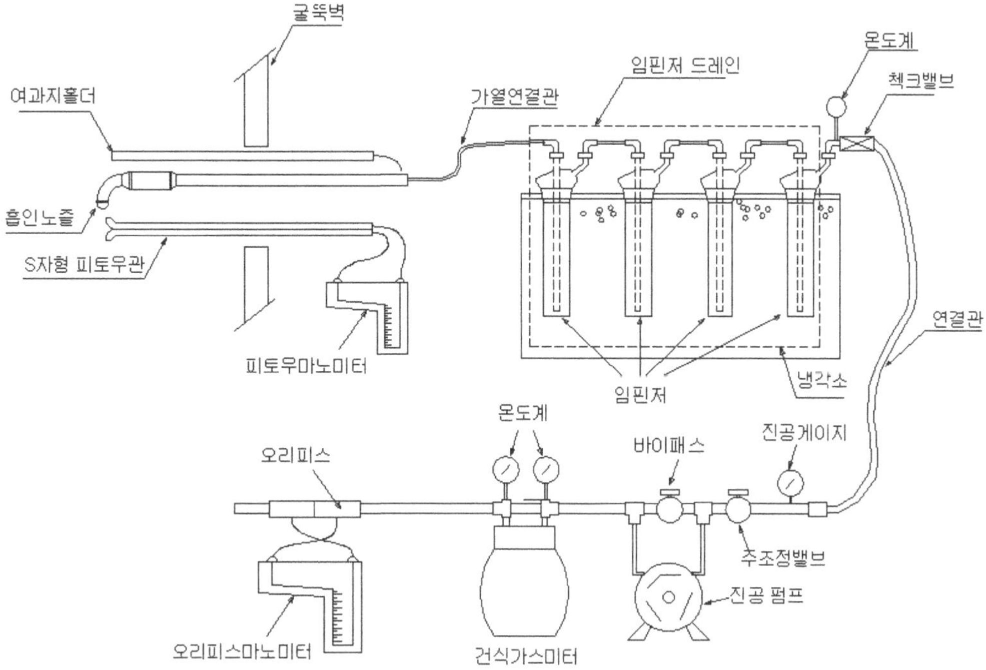

[그림 4.8] 굴뚝 먼지시료 채취장치 I형.

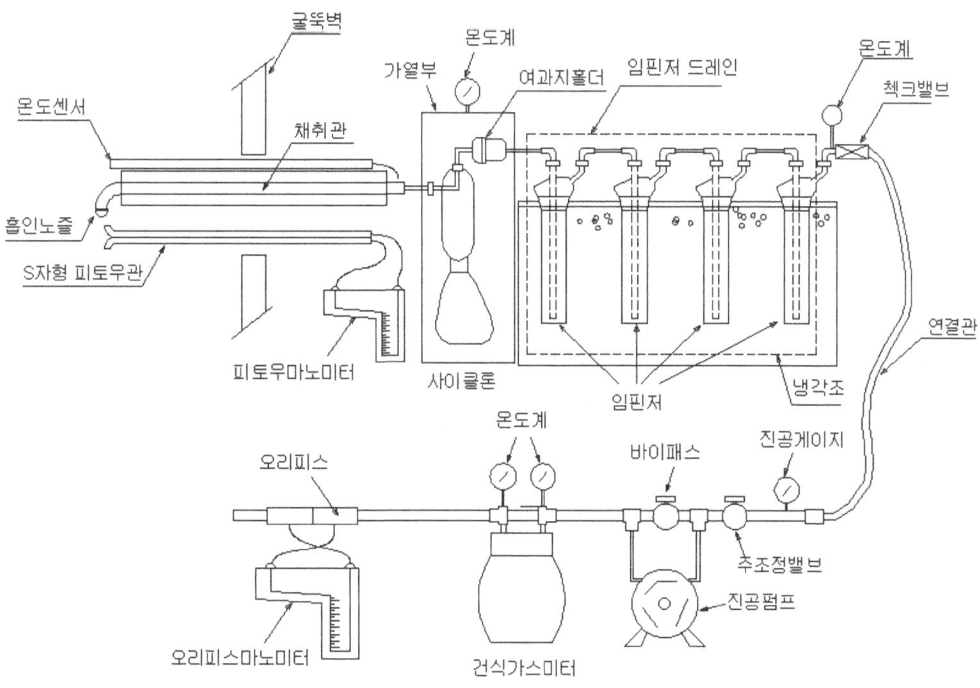

[그림 4.9] 굴뚝 먼지시료 채취장치 II형.

[표 4.4] 먼지시료 채취장치의 특성

구 성	특 성	비 고
흡인 노즐 (sampling nozzles)	배출 가스의 유속에 따라 적합한 흡인노즐을 선택할 수 있도록 구경의 크기가 다양한 노즐로 구성, 사용목적에 따라 스테인리스강, 경질유리, 석영재질을 선택	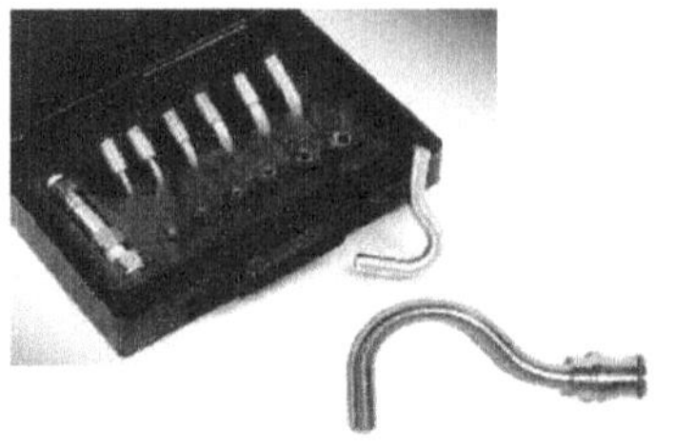
시료 채취관 (sampling probe assembly)	채취관은 배출 가스의 압력을 측정하는 피토관(pitot tube)과 수분 응축 방지를 위해 시료가스 온도를 120±14℃로 유지 할 수 있는 가열기, 보로실리케이트(borosilicate), 스테인리스강 또는 석영 유리관의 채취관, 온도측정 장치로 구성	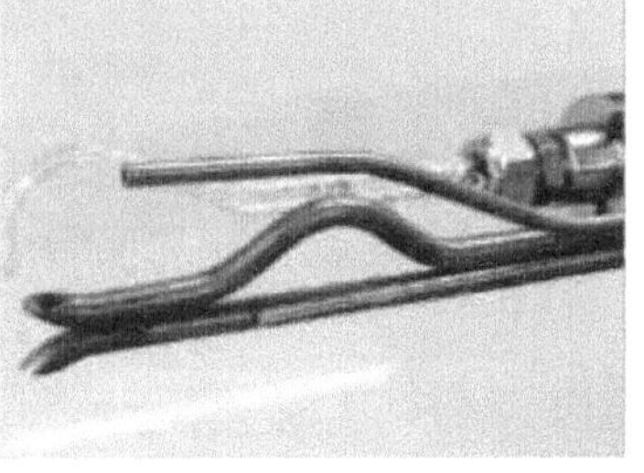
사이클론 결합장치 (PM-10, PM-2.5 cyclone)	스테인리스강 재질의 사이클론을 사용하며, 구성은 PM-10 사이클론, 연결부, PM-2.5 사이클론으로 구성됨	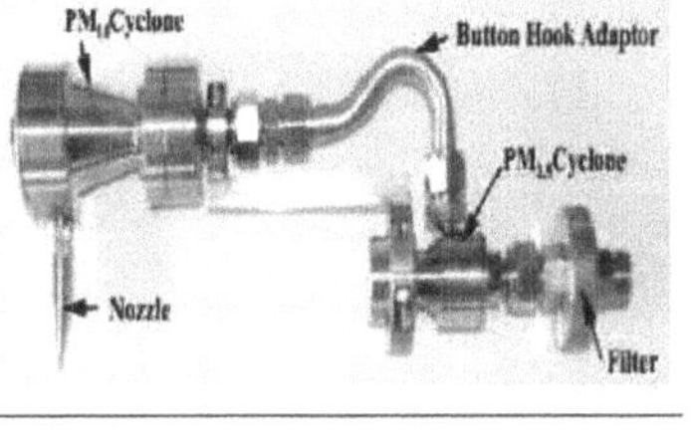
여과지 홀더 (filter holder)	여과지 홀더는 원통형 (위 사진) 또는 원형의 여과지(아래 사진)를 지지해주는 장치로 갈아 맞춤 유리 조인트로 만들어진 것으로 여과지 탈착이 쉽게 구성됨 〈원통여과지〉 실리카 섬유제 여과지로서 99% 이상의 먼지포집율 (0.3 μm 다이옥틸프탈레이트) 매연 입자에 의한 먼지 통과시험)을 나타내는 것이어야 하고, 사용 상태에서 화학변화를 일으키지 않아야 하며, 유효직경이 25 mm 이상의 것을 사용함	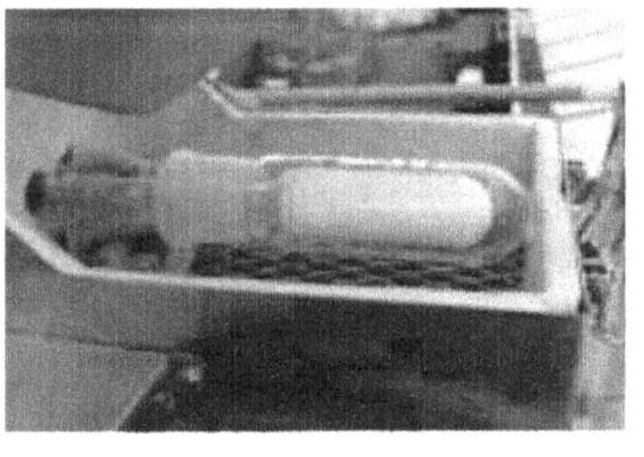 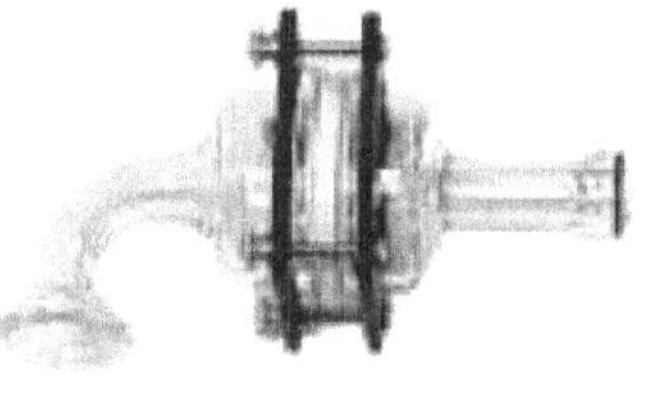

구 성	특 성	비 고
진공 호스 연결관 (umbilical cable assembly)	제어장치(control console)와 임핀저 트레인(impinger train unit)을 연결해주는 연결관, 가스 흡인 호스와 피토관 연결 호스, 열전대 온도 측정선, 가열 전원선 등으로 구성되어 있으며, 각 호스 끝은 퀵 커넥터로 부착됨	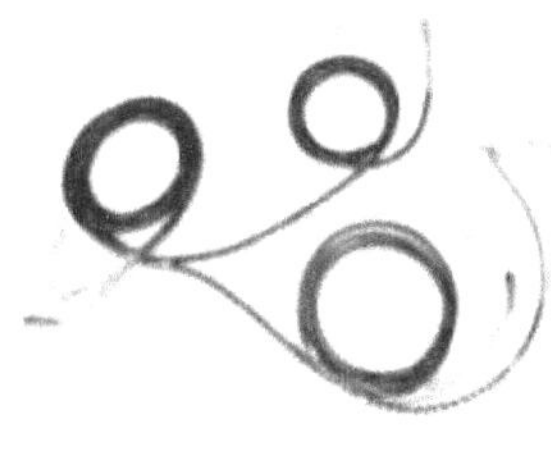
냉각조와 임핀저 트레인 (impinger box & train)	일렬로 연결된 4개의 임핀저로 구성되며 접속부는 가스 누출이 없도록 갈아 맞춤 조인트 초자로 연결함. 냉각조는 배출 가스의 수분을 응축시키기 위하여 물이나 얼음을 채워 넣을 수 있도록 제작되며, 저장된 물을 제거하는 밸브와 임핀저 어댑터를 고정시키는 홀더가 설치됨. 임핀저에는 수분 및 유해가스로부터 기기를 보호하기 위하여 1, 2번째 임핀저에는 물을 넣고, 3번째 임핀저는 비워두며, 4번째 임핀저에는 실리카겔을 채움	 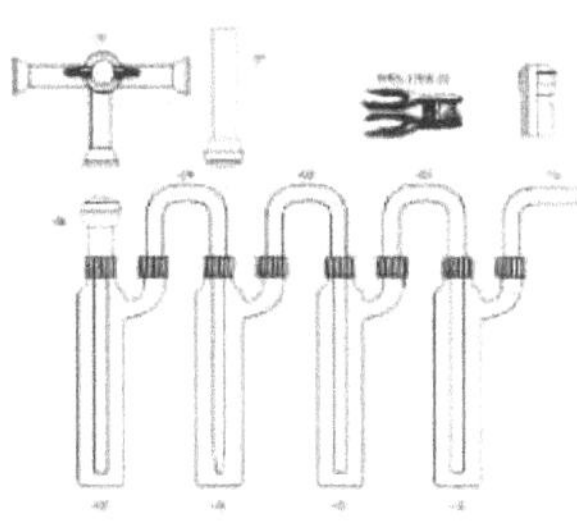
제어장치 (control console)	제어장치는 시료 채취 장치의 흡인 유량조절 밸브, 채취관의 가열을 위한 온도 조절 장치, 피토관과 오리피스의 차압 측정, 각 부위의 온도 측정 등 각종 조절장치로 구성됨. 제어장치는 흡입 펌프 상자 위에 설치하며, 흡입 펌프와 호스로 연결함. 노트북 PC에 측정 일시, 측정 번호, 피토우관 계수, 기온, 기압, 수분량 흡인 노즐 직경, 배출 가스 정압, 시료 채취 시간, 배출 가스 온도, 산소 농도, 굴뚝 직경 등을 자동 저장 및 기록함.	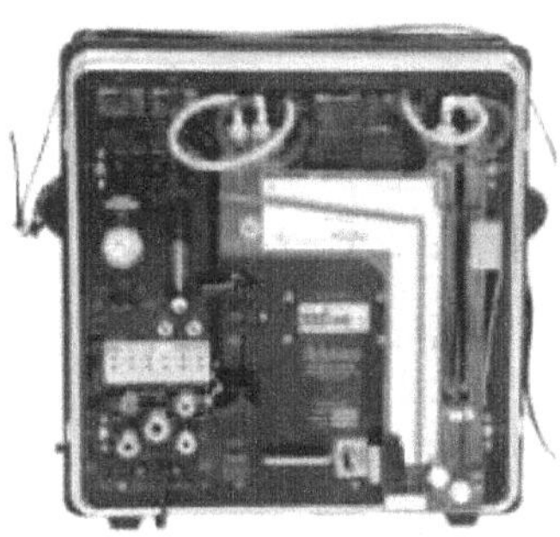 

[표 4.5] 먼지시료채취 기록지

공장명 ____________

측정대상명 ____________

작성자명 ____________

측정일 ____________

측정번호 ____________

오리피스미터 (△H) ____________

산소량 (%) ____________

등속흡입계수 (%) ____________

굴뚝단면 및 측정점 배열

피토관계수 ____________

기온, ℃ ____________

기압, mmHg ____________

수분량, % ____________

흡입관 길이, m ____________

흡입노즐 직경, cm ____________

배출가스정압, mmHg ____________

여과지 번호 ____________

채취점 번호	시료채취시간 (분)	진공게이지압 (mmHg)	배출기체온도 (℃)	배출기체동압 (mmH_2O)	오리피스압차 (mmH_2O)	시료채취량 (m^3)	건식가스미터에서의 온도 (℃)		여과지홀더온도 (℃)	최종임핀저출구온도 (℃)
							입구	출구		
합계							평균	평균		
평 균							평 균			

3 먼지농도 계산방법

스크러버 출구 등 배출가스 중에 물방울이 공존할 때에는 배출가스 온도의 포화수증기압을 사용하여 다음 식으로부터 수분량을 산정해야 한다.

$$X_w = \frac{P_v}{P_a + P_s} \times 100$$

여기서, X_w = 배출가스 중의 수증기 부피 백분율(%)

P_v = 배출가스 온도의 포화수증기압(mmHg)

P_a = 대기압(mmHg)

P_s = 배출가스의 정압(mmHg)

배출가스 중의 먼지농도는 다음 식에 의해 소수점 둘째자리까지 계산하고 소수점 첫째자리까지 표기한다.

$$C_n = \frac{m_d}{V_m{}' \times \frac{273}{273 + \theta_m} \times \frac{P_a + \Delta H / 13.6}{760}}$$

여기서, C_n = 먼지농도(mg/Sm^3)

m_d = 포집된 먼지량(mg)

$V_m{}'$ = 건식가스미터에서 읽은 가스시료채취량(m^3)

θ_m = 건식가스미터의 평균온도(℃)

P_a = 측정공 위치의 대기압(mmHg)

ΔH = 오리피스 압력차(mmH$_2$O)

4 결과의 기록

측정 또는 계산하여 얻은 결과는 다음과 같이 정리하여 기록해 두어야 한다.

① 측정일시

② 측정대상의 조건

- 발생원의 종류
- 발생원의 사용상황
- 측정위치
- 굴뚝의 형상위치 및 대략치수
- 측정점의 수 및 위치

③ 배출가스의 조건

- 배출가스의 온도(θ_m)
- 배출가스 수분량(X_w)
- 배출가스 정압(P_s)
- 배출가스 유속(V)
- 습한 배출가스의 유량(V_m)
- 건조가스의 유량(V_m')

④ 먼지시료의 채취조건

- 먼지 포집기의 종류, 재질, 치수
- 먼지농도 측정방법(채취방법, 흡입노즐, 먼지포집부의 배치, 먼지의 건조조건)
- 등속흡입 유량(q_m)
- 흡입시간(t)
- 흡입가스량(V_m)
- 흡입 포집먼지량(m_d)

⑤ 먼지농도(C_n)

4.5 배출가스 중 암모니아 측정

암모니아는 자극적인 강한 냄새가 나고 강염기성을 띠는 질소와 수소의 화합물로 NH_3의 화학식을 갖는다. 가벼운 무색의 기체로 녹는점 -77.7℃, 끓는점 -33.4℃이다. 암모니아 가스는 공기 중에서는 타지 않지만, 산소 속에서는 노란 불꽃을 내면서 연소하여 질소와 물을 생성한다. 이때 촉매를 써서 산화시키면 질산이 생기므로, 이 반응은 질산 제조에 이용된다. 암모니아는 점막을 상하게 하므로, 눈이나 코 등에 닿지 않도록 해야 한다.

1 적용 시험방법

자외선/가시선분광법-인도페놀법(ES 01303.1)이 주된 시험방법이며, 시험방법의 정량 범위는 표와 같다.

분석방법	정량범위	방법검출한계	정밀도 (%RSD)
자외선/가시선분광법 - 인도페놀법	(2~40) ppm	-	3.0
중화적정법	(0.2~30) ppm	-	-

2 자외선/가시선분광법-인도페놀법

① 개요

이 시험기준은 화학반응 등에 의하여 굴뚝 등에서 배출되는 배출가스 중의 암모니아를 분석하는 방법에 대하여 규정한다.

② 목적 및 적용범위

분석용 시료 용액에 페놀-나이트로프루시드소듐 용액과 하이포아염소산소듐 용액을 가하고 암모늄 이온과 반응하여 생성하는 인도페놀류의 흡광도(640 nm)를 측정하여 암모니아를 정량한다.

시료채취량 20 L인 경우 시료 중의 암모니아의 농도가 약 (1~10) ppm인 것의 분석에 적합하고, 이산화질소가 100배 이상, 아민류가 몇십 배 이상, 이산화황이 10배 이상 또는 황화수소가 같은 양 이상 각각 공존하지 않는 경우에 적용할 수 있다.

3 시료채취

시료채취관은 배출가스 중의 암모니아 공존 성분에 의하여 부식되지 않는 재질, 예를 들면 유리관, 스테인리스강 재질 (stainless steel pipes), 석영관 및 불소수지관 등을 쓴다. 가스 중에 먼지가 섞여 들어가는 것을 막기 위하여 시료채취관의 적당한 곳에 여과재를 넣는다. 배관 중에 수분이 농축될 염려가 있을 때에는 시료채취관으로부터 흡수병에 이르는 사이를 120℃ 이상 가열하여야 한다. 가열부분에 있어서 배관 접속에는 채취관과 같은 재질 또는 실리콘 고무관을 쓴다.

시료의 흡수는 다음과 같이 실시한다.

- 여과관 또는 여과구가 붙은 흡수병 1개 이상을 준비하고 각각에 흡수병으로 붕산용액(부피분율 0.5%) 50 mL를 넣는다.
- 흡수병은 가능한 한, 채취 위치 근처에 놓는다.
- 흡수병에 시료가스를 주입하기 전에 바이패스를 사용하여 배관 속을 시료로 충분히 치환해야 한다.
- 시료가스의 흡입속도는 (1~2) L/min 정도로 한다.
- 시료가스 채취량은 배출가스 중의 암모니아 농도에 따라 증감한다.
- 시료가스량의 측정에서는 시료가스의 부피 측정 위치에서 동시에 온도 및 압력을 측정해 놓는다.

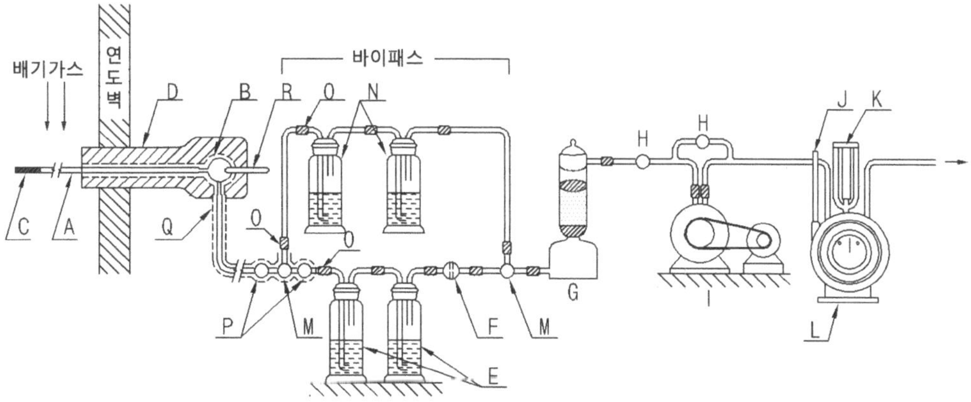

A : 시료가스 채취관 B : 어댑터 C : 여과지[1]
D : 보온제 E : 흡수병(부피 250 mL) F : 유리필터
G : 가스 건조탑(입자상 실리카겔 또는 염화칼슘) H : 유량 조절 콕
I : 밀폐식 흡입펌프 J : 온도계 K : 압력계
L : 습식 가스미터 (1~5L/1회전) M : 3 방콕 N : 바이패스용 세척병[2]
O : 실리콘 고무관 P : 구면 갈아맞춤 Q : 히터

[1] : 여과지로는 유리섬유여과지 또는 유리여과기를 쓴다.
[2] : 바이패스용 세척병에는 황산 (부피분율 10%)을 적당량 넣는다.

[그림 4.10] 암모니아 시료채취 장치의 구성.

염화수소, 황산화물, 질소산화물 등의 산성성분이 분석 결과에 영향을 미칠 때에는 황산화물 분석 방법에 따라 시료를 채취하고 흡수병을 실험실에 옮겨 그림 4.11과 같이 암모니아가스 추출장치를 사용하여 다음과 같이 암모니아를 흡수액에 흡수시킨다.

- 흡수병 2개 이상을 준비하여 각각에 흡수액으로 과산화수소(1+9)를 50 mL씩 넣고 흡수병은 위로 향한 여과판이 있는 부피 (150~250) mL의 것을 사용한다.
- 흡수병은 가능한 한, 채취 위치 근처에 놓는다.
- 흡수병에 시료가스를 주입하기 전에 바이패스를 사용하여 배관 속을 시료로 충분히 치환해야 한다.
- 시료가스의 흡입속도는 (1~2) L/min 정도로 한다.
- 시료가스 채취량은 배출가스 중의 암모니아 농도에 따라 증감한다.
- 유량 2 L/min 정도로 암모니아를 제거시킨 공기를 흡입한다.
- 다음에 3 방콕을 사용하여 수산화소듐용액 (8 N)을 가하여 pH 13 이상으로 하고 발생하는 암모니아 가스를 붕산용액에 흡수시킨다. 추출시간은 약 100분으로 한다.

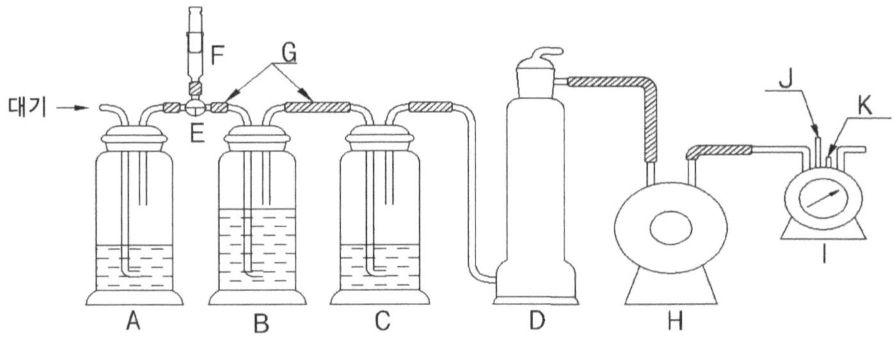

A : 암모니아제거용 세척병 (황산 (2 N)용액 50 mL)
B : 흡수액 (시료가스 채취용액 약 120 mL)
C : 암모니아 흡수병 (붕산용액 (질량분율 0.5%) 50 mL)
D : 건조탑 (실리카겔)
E : 플루오르화 수지제 3 방콕
F : 플라스틱제 주사통 (수산화소듐 용액 ((8 N) 5 mL)
G : 실리콘튜브 (수분농축이 되지 않게 주의하고 농축 시에는 가온)
H : 흡입펌프
I : 습식 가스미터 및 유량계
J : 온도계
K : 압력계

[그림 4.11] 암모니아가스 추출장치.

4 분석용 시료용액의 제조

시료의 흡입이 끝난 후 전체 흡수병 속의 용액을 비커에 옮겨 담고 가열부분 이외의 채취관과 흡수병을 흡수액으로 씻는다. 비커 중 용액에 합한 후 250 mL 눈금플라스크에 옮겨 담는다. 흡수액을 가하여 250 mL로 하고 이 용액을 분석용 시료 용액으로 한다.

5 시약 및 표준용액

① 흡수액

- 과산화수소 (1+9)

1 L용 부피플라스크에 30% 과산화수소수 (H_2O_2, hydrogen peroxide, 분자량: 34.01, 29~32%) 100 mL를 넣고 증류수로 채운다.

흡수액은 제조 후 어둡고 서늘한 곳에 보관하면 1개월간은 안전하다.

- 0.5% 붕산용액

  1 L용 부피플라스크에 붕산 (H_3BO_3, boric acid, 분자량: 61.84, 특급) 5 g을 넣고 증류수로 채운다.

② 수산화소듐 용액 (질량분율 50%)

100 mL용 부피플라스크에 수산화소듐 (NaOH, sodium hydroxide, 분자량: 40, 특급) 50 g을 넣고 증류수로 채운다.

③ 페놀-나이트로프루시드소듐 용액

페놀-나이트로프루시드소듐 용액 ($Na_2[Fe(Cn)_5NO]\cdot 2H_2O$, phenol-sodium nitroprusside, 분자량: 313.85, 99%)은 페놀 (C_6H_5OH, phenol, 분자량: 94.11, 특급) 5 g 및 나이트로프루시드소듐 ($C_5FeN_6O_2Na$, sodium nitroprusside, 분자량: 261.94, 99%) 25 mg을 물에 녹여서 500 mL로 한다.

④ 하이포아염소산소듐 용액

하이포아염소산소듐 용액 (NaClO, sodium hypochlorite, 분자량: 74.45, 유효염소 (부피분율 (3~10)%) 100/C (C : 유효염소(부피분율%)) mL와 수산화소듐 (NaOH, sodium hydroxide, 분자량: 40, 특급) 15 g을 물에 녹여 1 L로 한다. 이 용액은 사용 시 조제한다.

유효염소량 (부피분율 C%)의 측정

하이포아염소산소듐 용액 10 mL를 200 mL 부피플라스크에 넣고 증류수로 표선까지 채운 다음, 이 액 10 mL를 취하여 삼각플라스크에 넣고 증류수를 넣어 약 100 mL로 한다. 아이오드화포타슘 (KI, potassium iodide, 분자량: 165.99, 99%) (1~2) g 및 아세트산 (CH_3COOH, acetic acid, 분자량: 60.05, 99.7%) (1 + 1) 6 mL를 넣어 밀봉하고 흔들어 섞은 다음 암소에서 약 5분간 방치한다. 유리된 아이오딘을 0.05 N 싸이오황산소듐 용액 ($Na_2S_2O_3$, sodium thiosulfate, 분자량: 158.11, 0.6~22.9%)으로 적정한다. 종말점 부근에서 액이 엷은 황색으로 되면 전분용액 1 mL를 가하고 계속 적정하여 청색이 없어진 때를 종말점으로 한다. 따로 증류수 10 mL를 취하여 바탕시험을 하여 적정량을 보정한다.

$$C = a \times f \times \frac{200}{10} \times \frac{1}{V} \times 0.001783 \times 100$$

여기서, C : 유효염소량 (질량분율 %)

a : 0.05 N 싸이오황산소듐 용액의 소비량 (mL)

f : 0.05 N 싸이오황산소듐 용액의 역가

V : 하이포아염소산소듐 용액을 취한 양 (mL)

⑤ 0.05 N 싸이오황산소듐 용액

0.1 N 싸이오황산소듐 용액 ($Na_2S_2O_3$, sodium thiosulfate solutions, 분자량: 158, 0.6~22.9%) 500 mL를 취해 1 L를 부피플라스크에 넣은 후 증류수로 표선까지 채운다.

표정

아이오딘산포타슘 (KIO_3, potassium iodate, 분자량: 214.0, 99.7%)을 (120~140)℃에서 약 2시간 건조한 다음 데시케이터 (실리카겔, silica gel)에서 식혀 (0.35~0.36) g을 0.1 mg까지 정확히 취하고 증류수에 녹여 정확히 250 mL로 한다. 이중 25 mL를 유리마개가 있는 삼각플라스크에 정확히 취하고 아이오드화포타슘 (KI, potassium iodide, 분자량: 164.9, 99%) (1~2) g과 아세트산 (CH_3COOH, acetic acid, 분자량: 60.05, 99.7%) (1+1) 6 mL를 가한 후 바로 마개를 막고 조용히 흔들어 암소에 약 5분간 방치한다. 유리된 아이오딘을 0.05 N 싸이오황산소듐 용액 ($Na_2S_2O_3$, sodium thiosulfate solutions, 분자량 : 158, 0.6~22.9%)으로 적정한다. 종말점 부근에서 액이 엷은 황색으로 되면 전분용액 1 mL를 가하고 계속 적정하여 청색이 없어진 때를 종말점으로 한다. 같은 방법으로 바탕 시험을 하여 적정량을 보정한다. 역가 (f)는 다음 식에 의하여 계산한다.

$$f = \frac{m \times \frac{25}{250}}{a \times 0.001783}$$

여기서, f : 0.05 N 싸이오황산소듐용액의 역가

m : 아이오딘산포타슘의 채취량 (g)

a : 0.05 N 싸이오황산소듐용액의 적정량 (mL)

0.001783 : 0.05 N 싸이오황산소듐용액 1 mL에 해당하는 아이오딘산포타슘의 질량 (g)

⑥ 암모니아 검정곡선용 표준용액

130℃에서 건조한 황산암모늄 ($(NH_4)_2SO_4$, ammonium sulfate, 분자량: 132.13) 2.9498 g을 취하고 증류수에 녹여 1 L로 한다. 이 용액을 다시 흡수액으로 1,000배로 묽게 하여 암모니아 표준액으로 한다. 이 암모니아 표준액 1 mL는 NH_3 1 μL (0 ℃, 760 mmHg)에 상당한다.

⑦ 2 N 황산 용액

1 L의 부피플라스크에 황산 (H_2SO_4, sulfuric acid, 분자량: 98.07, 특급) 55.6 mL를 분취한 후 부피플라스크의 표시선까지 증류수를 가한다.

⑧ 8 N 수산화소듐 용액

1 L의 부피플라스크에 수산화소듐 (NaOH, sodium hydroxide, 분자량: 40, 98%) 320 g을 넣고 부피플라스크의 표시선까지 증류수를 가한다.

6 시험방법

- 분석용 시료 용액과 암모니아 표준액 10 mL씩을 유리마개가 있는 시험관에 취하고 여기에 페놀-나이트로프루시드소듐 용액 5 mL씩을 가하고 잘 흔들어 서은 다음 하이포아염소산소듐 용액 5 mL씩을 가한 다음 마개를 하고 조용히 흔들어 섞는다.
- 액온을 (25~30)℃에서 1시간 방치한 다음 10 mL의 셀에 옮기고 광전분광광도계 또는 광전광도계로 640 nm 부근의 파장에서 흡광도를 측정한다.
- 대조액은 흡수액 10 mL를 사용한다.

다음의 반응에 의한 발색을 이용하여 암모니아를 정량하는 것이다.

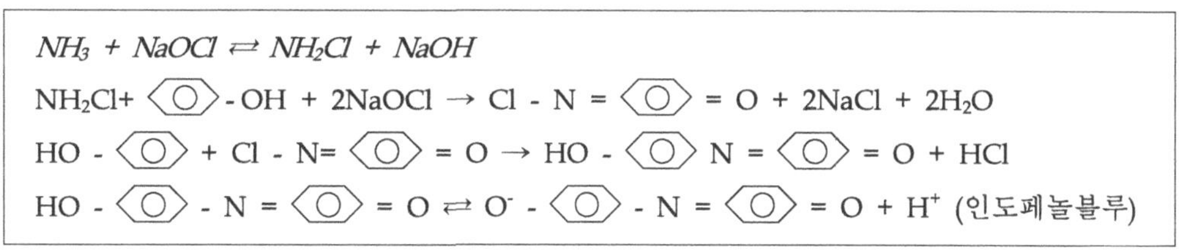

7 시료채취량

$$Vs_{(습식)} = V \times \frac{273}{273 + t} \times \frac{P_a + P_m - P_v}{760}$$

$$Vs_{(건식)} = V \times \frac{273}{273 + t} \times \frac{P_a + P_m}{760}$$

여기서, V : 가스미터로 측정한 흡입가스량 (L)

Vs : 건조 시료가스 채취량 (L)

t : 가스미터의 온도 (℃)

P_a : 대기압 (mmHg)

P_m : 가스미터의 게이지압 (mmHg)

P_v : t℃에서의 포화수증기압 (mmHg)

8 농도계산

시료가스 중의 암모니아 농도를 다음 식으로 산출하며, 결과표시는 소수점 둘째자리까지 표기한다.

$$C = \frac{0.001 \times \frac{A}{As} \times 250}{Vs} \times 1,000$$

$$C' = C \times \frac{1}{10,000}$$

여기서, C : 암모니아의 농도 (ppm)

C' : 암모니아의 농도 (부피분율 V/V%)

A : 분석용 시료용액의 흡광도

As : 표준용액의 흡광도

Vs : 건조 시료가스 채취량 (L)

농도계산식에서 250은 흡수액을 가하여 250 mL로 한 분석용 시료용액의 양이다. 따라서 분석용 시료용액의 양이 변화될 경우 반드시 이를 고려하여야 한다. 가령, 분석용 시료용액이 100 mL라면 계산식에서 250 대신에 100을 대입하여야 한다는 것이다.

4.6 배출가스 중 염화수소 측정

염화수소 (HCl)는 수소와 염소 원소로 이루어진 화합물이다. 자극적인 냄새가 나는 무색의 기체로 끓는점은 -85℃, 녹는점은 -114℃이다. 비중은 기체인 경우 공기에 대하여 1.268, 액체는 1.265 (녹는점)이다. 기체는 물에 매우 잘 녹아 20℃에서는 같은 부피의 물에 477배가 녹는다. 용해도가 크기 때문에 기체 상태의 염화수소는 습한 공기 중에서 연기를 낸다. 수용액은 염산이라 하며, 강산이다.

1 적용 시험방법

배출가스 중 염화수소-이온크로마토그래피(ES 01305.1)이 주된 시험방법이며, 시험방법의 정량범위는 표와 같다.

분석방법	정량범위	방법검출한계	정밀도 (%RSD)
이온크로마토그래피법	(0.4~80) ppm	0.13 ppm	-
자외선/가시선분광법 - 싸이오시안산제이수은	(0.4~80) ppm	0.13 ppm	-

* 사업장에서는 자외선/가시선분광법(싸이오시안산제이수은)에 따라 수행한다.

2 자외선/가시선분광법-싸이오시안산제이수은

① 개요

이 시험기준은 연소 및 화학반응 등에 따라 굴뚝 등으로 배출되는 배출가스 중의 염화수소를 분석하는 방법에 대하여 규정한다. 싸이오시안산제이수은 자외선/가시선분광법은 배출가스에 포함된 가스상의 염화수소를 흡수액을 이용하여 채집한 후 자외선/가시선분광법으로 농도를 산정한다.

② 목적 및 적용범위

이 시험법은 이산화황, 기타 할로겐화물, 시안화물 및 황화합물의 영향이 무시되는 경우에 적합하다.

2개의 연속된 흡수병에 흡수액(0.1 mol/L의 수산화소듐 용액)을 각각 50 mL 담은 뒤 40 L 정도의 시료를 채취한 다음, 싸이오시안산제이수은 용액과 황산철(II)암모늄 용액을 가하여 발색시켜, 파장 460 nm에서 흡광도를 측정한다.

정량범위는 시료기체를 통과시킨 흡수액을 250 mL로 묽히고 분석용 시료용액으로 하는 경우 0.4~80 ppm이며, 방법검출한계는 0.13 ppm이다.

간섭물질

- 염화소듐 (NaCl), 염화암모늄 (NH_4Cl) 등 채취시약에 녹아 염소 이온을 발생시킬 수 있는 입자상물질들이 측정에 영향을 줄 수 있다. 이들 물질의 영향이 의심될 경우 시료채취관 전단에 여과지 (0.45 μm 또는 0.8 μm)를 사용하여 영향을 최소화한다.
- 싸이오시안산제이수은 자외선/가시선분광법은 이산화황, 기타 할로겐화물, 시안화물 및 환원성 황화물의 영향이 무시되는 경우에 적합하다. 시안화물의 경우는 pH 5로 조정하는 것으로 10^{-5} mol/L 정도까지, 황화합물의 경우에는 같은 양의 과망간산포타슘을 첨가하여 피할 수 있다.
- 배출가스 중에 염화수소와 염소가 공존하는 경우에는 삼산화비소 (1 g/L)를 가한 수산화소듐 용액(0.1 mol/L)을 흡수액으로 하여 시료기체를 채취한 뒤 염소 이온 농도 (a mg Cl^-/mL)를 구한다. 동시에 오르토톨리딘 자외선/가시선분광법 등으로 시료기체 중의 염소 농도를 측정하고, 염소 이온 농도로부터 염소 농도에 상응하는 염소 이온 농도 (b mg Cl^-/mL)를 빼준 a-b로부터 시료기체 중의 염화수소 농도 (mg/Sm^3)를 구한다. 시안화물의 경우는 흡수액에 아세트산염 완충액을 첨가하여 pH 5로 조정하는 것으로 100 μmol/L 정도까지, 황화합물의 경우에는 같은 농도의 과망간산포타슘을 흡수액에 첨가하여 피할 수 있다.

아세트산염 완충액

- 비커(500 mL)에 아세트산나트륨(3수화물) 100 g과 질산칼륨 50 g을 취해 물을 가하여 약 300 mL로 하고, 아세트산을 넣어 pH를 5.1~5.2로 조정한 다음 물을 가하여 500 mL로 한다.

3 시료채취

시료채취장치는 다음 조건을 구비한 것으로서 그 구성의 보기는 그림 4.12에 표시하였다.

- 시료채취관은 배출가스 중의 염화수소에 의해 부식되지 않는 재질의 관, 예를 들면 유리관, 석영관, 불소수지관 등을 사용한다.
- 시료채취관은 굴뚝의 중앙에 오도록 끼워 넣는다.
- 기체 중에 먼지가 섞여들어 오는 것을 방지하기 위하여 시료채취관의 적당한 곳에 여과지를 넣는다.
- 배관 속에 수분이 농축되는 경우가 있을 때는 시료채취관과 흡수병 사이를 120 ℃이상 가열하여야 한다.
- 가열부분의 배관 접속은 갈아 맞춤 유리관 또는 실리콘 고무관을 사용한다.
- 흡수병으로 부피 250 mL를 2개 연결하여 사용하고, 단 염화수소가 완전히 채취되는 것이 확인되는 경우에는 흡수병을 1개 연결하여 사용해도 무방하다.
- 염화소듐 (NaCl), 염화암모늄 (NH_4Cl) 등이 흡수액에 녹아 염소에 영향을 줄 수 있을 경우 그림 4.12와 같이 시료채취관 전단에 여과지를 사용한다.
- 부피 250 mL의 흡수병에 흡수액 50 mL를 각각 넣는다.
- 삼방콕을 우회관로용 씻기병 방향으로 돌린 후, 흡입펌프를 작동시켜 시료기체 채취관로부터 삼방콕까지 시료기체로 치환한다.
- 흡입펌프를 정지시킨 후, 삼방콕을 흡수병 방향으로 돌린다. 다음에 가스미터의 지시값 (V_1)을 0.01 L 자리 수까지 읽어 취한다.
- 흡입펌프을 작동시켜 시료기체를 흡수병으로 흘려보낸다. 이때 유량조절용 콕을 조절하여, 유량을 1 L/min정도로 한다. 시료기체를 약 40 L 채취한 후, 흡입펌프을 정지하고, 삼방콕을 닫고 가스미터의 지시값 (V_2)을 0.01 L의 자리 수까지 읽어 취한다. 동시에 가스미터에 나타난 온도와 게이지압을 측정한다. 또한 대기압을 측정해야 한다.

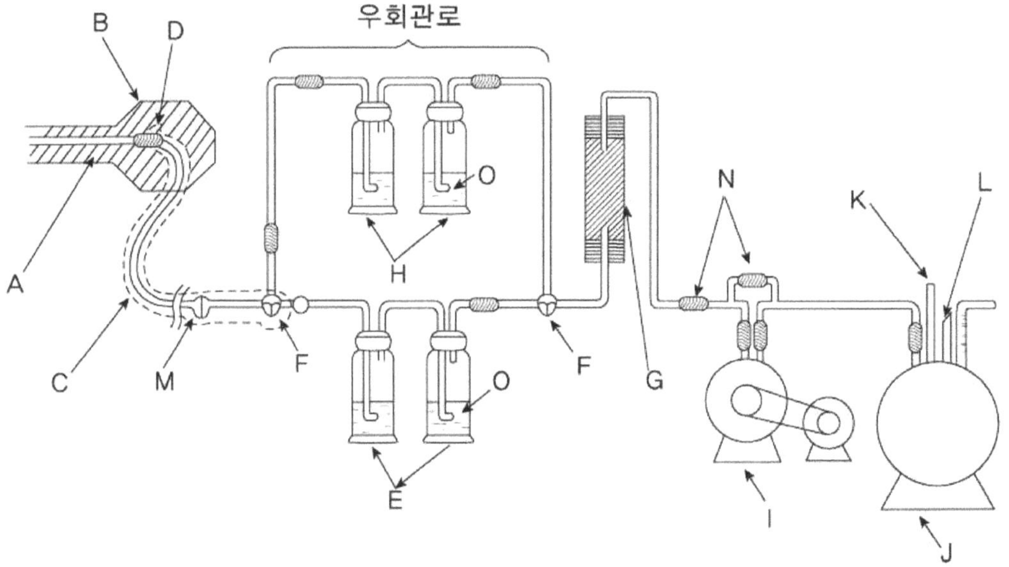

A : 시료기체 채취관 B : 보온재 C : 히터
D : 여과재(기체중의 성분과 화학반응을 하지 않는 물질, 즉 무알칼리 유리섬유여과지, 유리여과기 등을 사용)
E : 흡수병(흡수액) F : 삼방콕 G : 건조제(입자상 실리카겔 또는 염화칼슘)
H : 우회관로용 씻기병(수산화소듐용액, 부피분율 20%, 50 mL를 넣은 것)
I : 흡입펌프 J : 습식 가스미터 (1회전 1 ~ 5 L) K : 온도계
L : 압력계 M : 구면 갈아맞춤 유리관 N : 콕
O : 거름판 또는 거름구

[그림 4.12] 염화수소 시료채취 장치의 구성.

4 분석용 시료용액의 제조

시료의 흡입이 끝난 후 300 mL 비커에 흡수병의 내용 액을 증류수로 씻어 옮긴다. 250 mL 부피플라스크에 비커의 내용 액을 증류수로 씻어 옮긴 후에 증류수를 표시선까지 넣어 이것을 분석용 시료용액으로 한다.

5 시약 및 표준용액

① 흡수액

수산화소듐(NaOH, 분자량: 40) 4.0 g을 정확하게 취하여 증류수에 용해시켜 1 L를 만든 수산화소듐 용액 (0.1 mol/L)을 사용한다.

② 싸이오시안산제이수은 용액

싸이오시안산제이수은 ($Hg(SCN)_2$, 분자량: 316.75) 0.4 g을 메틸알코올 (CH_3OH, methyl alcohol, 분자량: 32.04) 100 mL에 녹여 갈색병에 보관한다.

싸이오시안산제이수은 ($Hg(SCN)_2$)이 없을 경우에는 질산제이수은 ($Hg(NO_3)_2 \cdot H_2O$, 분자량: 342.60) 5 g을 질산 (N/2) 약 200 mL에 녹이고 여기에 황산철(II)암모늄 용액 3 mL를 가하여 잘 혼합하고 싸이오시안신포타슘 용액 (4%)을 액이 약간 착색될 때까지 가한다. 생성된 싸이오시안산제이수은의 백색침전은 유리여과기로 거르고 침전은 증류수로 충분히 씻고 자연 건조시킨다. 이렇게 만든 싸이오시안산제이수은 0.4 g을 메틸알코올 (methyl alcohol) 100 mL에 녹여 갈색병에 보관한다.

③ 황산철(II)암모늄 용액

황산철(II)암모늄 ($NH_4Fe(SO_4)_2 \cdot 12H_2O$, 분자량: 482.20) 6.0 g을 과염소산(1+2) 100 mL에 녹이고 갈색병에 보관한다.

④ 싸이오시안산포타슘 용액

싸이오시안산포타슘(KSCN, 분자량: 97.18) 4 g을 취하여 증류수에 녹여 100 mL로 한다.

⑤ 과염소산(1+2)

과염소산 (70%, $HClO_4$, 분자량: 100.46) 1에 증류수 2를 가한다.

⑥ 염소이온 표준용액

100~105℃로 건조한 염화소듐 (표준시약, NaCl, 분자량: 58.44) 0.261 g을 1 L 부피플라스크에 취하여 증류수에 녹여 1 L로 한다. 이중 100 mL를 1 L 부피플라스크에 취하고 물을 가하여 1 L로 한 후 염소이온표준액으로 한다.

염소이온표준액 1 mL = 0.01 mL HCl (0℃, 760 mmHg)

6 시험방법

- 제조한 분석용 시료용액 5 mL 및 염소 이온 표준용액 5 mL를 각각 유리마개가 있는 시험관에 취하고 각각에 황산철(II)암모늄 용액 2 mL와 싸이오시안산제이수은 용액 1 mL 및 메틸알코올 10 mL를 가하고 마개를 한 후 흔들어 잘 섞는다.
- 약 20℃에서는 5~30분 사이에 10 mm셀에 옮겨 분광광도계 또는 광전분광광도계에서 파장 460 nm 부근에서 흡수도를 측정한다.
- 대조액으로는 흡수액을 위와 같은 방법으로 처리하여 시약 바탕시료로 사용한다.

$$Hg(SCN)_2 + 2Cl^- \rightarrow HgCl_2 + 2SCN^-$$

$$2SCN^- + 2Fe^{3+} \rightarrow 2Fe(SCN)^{2+}$$

등적색(주황색)으로 발색

7 농도계산

시료 중의 염화수소 농도(표준상태 : 0℃, 1기압)를 산출하고, 유효숫자 소수점 둘째 자리까지 끝맺음한다.

$$C = \frac{0.01 \times \frac{A}{As} \times 250}{Vs} \times 1{,}000$$

$$C' = C \times \frac{36.5}{22.4}$$

여기서, C : 염화수소의 농도 (ppm)

C' : 염화수소 농도 (mg/m^3)

A : 분석용 시료용액을 발색시켜 측정한 흡광도

As : 표준용액을 발색시켜 측정한 흡광도

Vs : 표준상태의 시료가스 채취량 (L)

4.7 배출가스 중 황산화물(침전적정법) 측정

이 시험기준은 연소 등에 따라 굴뚝 등에서 배출되는 배출가스 중의 황산화물(SO_2+SO_3)을 분석하는 방법에 대하여 규정한다.

1 적용 시험방법

분석 방법	분석원리 및 개요	적용범위
황산화물 - 침전적정법	시료를 과산화수소수에 흡수시켜 황산화물을 황산으로 만든 후 아이소프로필알코올과 아세트산을 가하고 아르세나조 Ⅲ을 지시약으로 하여 아세트산 바륨 용액으로 적정한다.	시료 20 L를 흡수액에 통과시켜 250 mL로 묽게 하여 분석용 시료용액으로 할 때 전 황산화물의 농도가 약 (50~700) ppm의 시료에 적용된다.
황산화물 - 중화적정법	시료를 과산화수소수에 흡수시켜 황산화물을 황산으로 만든 후 수산화소듐 용액으로 적정한다.	시료 20 L를 흡수액에 통과시켜 250 mL로 묽게 하여 분석용 시료용액으로 할 때 전 황산화물의 농도가 250 ppm 이상인 시료에 적용된다.
전기화학식 (정전위 전해법)	정전위전해분석계를 사용하여 시료를 가스투과성격막을 통하여 전해조에 도입시켜 전해액 중에 확산 흡수되는 이산화황을 산화전위로 정전위전해하여 전해전류를 측정하는 방법이다.	(0~1,000) ppm SO_2
용액전도율법	시료를 과산화수소에 흡수시켜 용액의 전기전도율 (electro conductivity)의 변화를 용액전도율 분석계로 측정하는 방법이다.	(0~1,000) ppm SO_2
적외선 흡수법	시료가스를 셀에 취하여 7,300 nm 부근에서 적외선가스분석계를 사용하여 이산화황의 광흡수를 측정하는 방법이다.	(0~1,000) ppm SO_2
자외선 흡수법	자외선흡수분석계를 사용하여 (280~320) nm에서 시료 중 이산화황의 광흡수를 측정하는 방법이다.	(0~1,000) ppm SO_2
불꽃 광도법	불꽃광도검출분석계를 사용하여 시료를 공기 또는 질소로 묽힌 다음 수소 불꽃 중에 도입할 때에 394 nm 부근에서 관측되는 발광광도를 측정하는 방법이다.	(0~1,000) ppm SO_2

2 침전적정법(아르세나조III법)

① 개요

이 시험기준은 연소 등에 따라 굴뚝 등에서 배출되는 배출가스 중의 황산화물 (SO_2+SO_3)을 분석하는 방법에 대하여 규정한다.

② 목적 및 적용범위

시료를 과산화수소수에 흡수시켜 황산화물을 황산으로 만든 후 아이소프로필알코올과 아세트산을 가하고 아르세나조 III을 지시약으로 하여 아세트산바륨 용액으로 적정한다.

이 방법은 시료가스 20 L를 흡수액에 통과시키고 이 액을 250 mL로 묽게하여 분석용 시료용액으로 할 때 전 황산화물의 농도가 약 (50~700) ppm의 시료에 적용된다.

3 시료채취

시료채취장치는 그림 4.13과 같이 구성할 수 있다.

- 시료채취관은 배출가스 중의 황산화물에 의해 부식되지 않는 재질, 예를 들면 유리관, 석영관, 스테인리스강 재질 (stainless steel pipes) 등을 사용한다.
- 시료가스 중 먼지가 섞여 들어가는 것을 방지하기 위하여 채취관의 앞 끝에 알칼리 (alkali)가 없는 유리솜 등 적당한 여과재를 넣는다.
- 시료가스 중 황산화물과 수분이 응축되지 않도록 시료 채취관과 콕(M) 사이를 가열할 수 있는 구조로 한다. 배관은 될 수 있는 한 짧게 하고, 수분이 응축될 우려가 있는 경우에는 채취관에서 삼방콕 (M) 사이를 160℃정도로 가열한다.
- 채취관과 어댑터 (adapter), 삼방콕 등 가열하는 접속부분은 갈아 맞춤 또는 실리콘 고무관을 사용하고 보통 고무관을 사용하면 안된다.
- 흡수병 2개 이상을 준비하고 각각에 흡수액 50 mL씩을 넣는다. 흡수병은 위로 향한 여과판이 붙은 부피 (150~250) mL 의 것을 사용한다.
- 흡수병에 시료가스를 주입하기 전에 삼방콕을 바이패스 병 방향으로 돌린 후, 흡입펌프를 작동시켜 시료채취관로부터 삼방콕까지 시료가스로 치환한다.

- 흡입펌프를 정지시킨 후, 삼방콕을 흡수병 방향으로 돌린 후, 다음에 가스미터의 지시값을 0.01 L 자리 수까지 읽어 취한다.
- 시료가스의 흡입속도는 약 1 L/min으로 한다. 채취하는 시료가스의 양은 약 20 L로 하고 황산화물의 농도에 따라서 적당히 증감한다.
- 분석용 시료의 흡수장치는 될 수 있는 한 채취위치에 가깝게 설치하고 시료가스가 비교적 높은 온도일 때는 흡수병을 냉각조에 넣어둔다.
- 시료가스량의 측정과 동시에 가스미터에 나타난 온도와 게이지압을 측정하고 대기압을 측정한다.

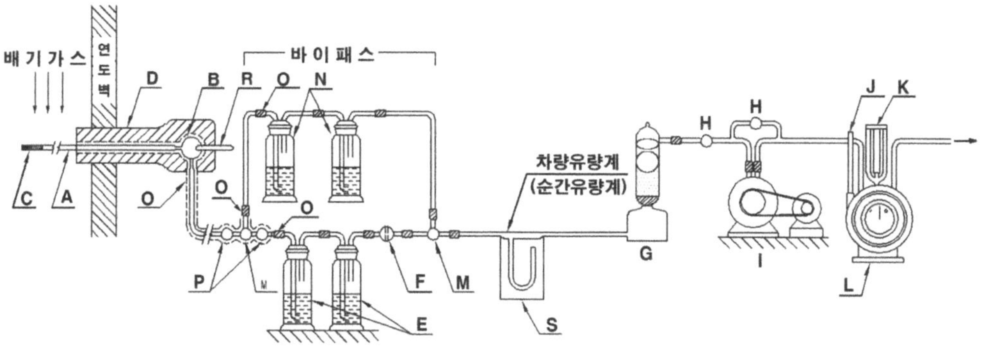

A : 시료채취관 B : 연결관 C : 여과지 D : 보온새
E : 흡수병(위로 향한 여과판 G_2가 붙은 부피 (150~250) mL)
F : 유리필터(G_4) G : 가스건조탑(실리카겔 입자) H : 유량조절 콕
I : 밀폐식 흡입펌프(0.5~5 L/min) J : 온도계 K : 압력계
L : 습식가스미터(1회전 1 L) M : 삼방콕 N : 바이패스용 세척병[1](E와 같은 것)
O : 실리콘 고무관 P : 구면 갈아맞춤 R : 온도계[2] S : 마노미터

1 : 과산화수소수(1+9) 50 mL를 넣는다.
2 : 가스의 온도를 알고 있을 경우에는 온도계를 꽂지 않아도 좋다.

[그림 4.13] 황산화물 시료채취 장치의 구성.

4 분석용 시료용액의 제조

시료가스의 흡입이 끝나면 용액을 비커에 옮기고 다시 흡수병을 씻어서 합한 후 250 mL 눈금플라스크에 옮겨 넣고 물로 표시선까지 채운 것을 분석용 시료용액으로 한다. 농도가 진한 시료는 적당히 물로 묽게 하여 사용한다.

5 시약 및 표준용액

① 흡수액

과산화수소수 (H_2O_2, hydrogen peroxide, 분자량: 34.01, 12~50%) 100 mL를 취하고 물 900 mL를 섞어 제조한다.

② 아세트산 (CH_3COOH, acetic acid, 분자량: 60.05, 99.7%)

③ 0.004 N 황산

0.1 N 황산 용액 (H_2SO_4, sulfuric acid, 분자량: 98.07, 1% 미만)을 정확히 25배로 묽게 하여 사용 한다.

무수탄산소듐 (Na_2CO_3, sodium carbonate, 분자량: 105.99, 99%) (1~1.5) g을 백금 접시에 넣고 (500~650)℃에서 (40~50) 분간 가열한 후 데시케이터 속에서 식히고 그 무게를 정확히 단다. 이를 물에 녹여 250 mL 눈금플라스크에 옮겨 넣고 물로 표시선까지 채운다. 이 용액 25 mL를 200 mL 삼각플라스크에 분취하고 브롬페놀블루 지시약 ($C_{19}H_{10}Br_4O_5S$, bromphenol blue, 분자량: 669.96, 90% 이상) 0.10 g을 에탄올 (C_2H_5OH, ethanol, 분자량: 46.07, 특급) 20 mL에 녹여 물을 가하여 100 mL로 한 것 (2~3) 방울을 가하고 위에서 만든 0.1 N 황산 (H_2SO_4, sulfuric acid, 분자량: 98.07, 1% 미만)으로 적정한다. 종말점 가까이에서 끓여서 탄산 (H_2CO_3, carbonic acid, 분자량: 100.09, 100%)을 제거하고 식힌 후 적정하여 액의 색이 청색에서 황색으로 변하는 것을 종말점으로 한다. 다음 식에 의하여 역가를 구한다.

$$f = \frac{W \times \frac{25}{250}}{V' \times 0.0053}$$

여기서, f : 0.1 N 황산의 역가 (factor)

W : 탄산소듐의 양 (g)

V' : 표정에 사용한 0.1 N 황산의 양 (mL)

0.0053 : 0.1 N 황산 1 mL의 탄산소듐 상당량 (g)

④ 0.01 N 아세트산바륨 용액

아세트산바륨 [$(CH_3CO_2)_2Ba$, barium acetate, 분자량:255.42, 특급] 1.1 g 및 아세트산납 [$(CH_3COO)_2Ba \cdot 3H_2O$, lead acetate, 분자량: 325.29, 90~100%] 0.4 g을 물 200 mL 및 아세트산 (CH_3COOH, acetic acid, 분자량: 60.05, 99.7%) 3 mL에 녹이고 아이소프로필알코올 [$(CH_3)_2CHOH$, isopropanol, 분자량: 60.10, 95%]을 가하여 1 L로 한다.

표정

0.004 N 황산 (H_2SO_4, sulfuric acid, 분자량: 98.07, 특급) 10 mL를 200 mL 삼각플라스크에 정확히 분취하고 아이소프로필알코올 40 mL, 아세트산 1 mL 및 아르세나조 III 지시약 [$(HO_sO_2)_2C_{10}H_2(OH)_2(N_2C_6H_4AsO(OH)_2)_2$, arsenazo III, 분자량: 776.38, 특급] (4~6) 방울을 가하여 0.01 N 아세트산바륨 용액으로 적정하여 액의 청색이 1 분간 계속되는 점을 종말점으로 한다. 다음 식에 의하여 역가를 구한다.

$$f = \frac{10 \times f'}{V'} \times \frac{100}{250}$$

여기서, f : 0.01 N 아세트산바륨 용액의 역가

f' : 0.004 N 황산의 역가 (0.01 N 황산의 역가와 같다)

V' : 적정에 사용한 아세트산바륨 용액 (0.01 N)의 양 (mL)

⑤ 아르세나조 III 지시약

아르세나조 III [$(HO_sO_2)_2C_{10}H_2(OH)_2(N_2C_6H_4AsO(OH)_2)_2$, arsenazo III, 분자량: 776.38, 특급] 0.2 g을 물 100 mL에 녹이고 거른다. 이 용액은 갈색병에 보관하고 1개월 이상 지나면 사용할 수 없다.

아르세나조 III 의 구조식은 다음과 같다.

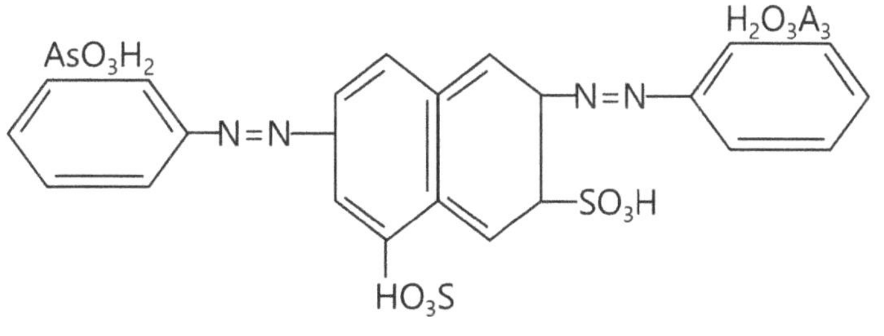

⑥ 아이소프로필알코올 (IPA, isopropyl alcohol)

6 시험방법

- 조제한 분석용 시료용액 10 mL를 200 mL 삼각플라스크에 분취한다.
- 아이소프로필 알코올 40 mL, 아세트산 1 mL 및 아르세나조 III 지시약 (4~6) 방울을 가하고 N/100 아세트산바륨 용액으로 적정한다. 액의 색이 청색으로 되어 1분간 지속되는 점을 종말점으로 한다.
- 흡수액을 시료채취에서 사용한 것과 같은 양을 250 mL 눈금플라스크에 취하고 물로 표선까지 가한 후 이 용액 10 mL를 200 mL 삼각플라스크에 분취하고 시험방법에 따라 적정하여 바탕시험값으로 한다.

7 시료채취량

$$Vs_{(습식)} = V \times \frac{273}{273 + t} \times \frac{P_a + P_m - P_v}{760}$$

$$Vs_{(건식)} = V \times \frac{273}{273 + t} \times \frac{P_a + P_m}{760}$$

여기서, V : 가스미터로 측정한 흡입가스량 (L)

Vs : 건조 시료가스 채취량 (L)

t : 가스미터의 온도 (℃)

P_a : 대기압 (mmHg)

P_m : 가스미터의 게이지압 (mmHg)

P_v : t℃에서의 포화수증기압 (mmHg)

8 농도계산

시료 중의 황산화물 농도는 다음 식에 의하여 산출하며, 결과표시는 소수점 둘째자리까지 표기한다.

$$C = \frac{0.112 \times (a-b) \times f \times \frac{250}{10}}{Vs} \times 1{,}000$$

$$C' = C \times \frac{1}{10{,}000}$$

여기서, C : 황산화물의 농도 (ppm)

C' : 황산화물 농도 (부피분율 V/V%)

a : 적정에 사용한 0.01 N 아세트산바륨 용액의 양 (mL)

b : 공시험에 사용한 0.01 N 아세트산바륨 용액의 양 (mL)

f : 0.01 N 아세트산바륨 용액의 역가

Vs : 건조시료 가스량 (L)

0.112 : 0.01 N 아세트산바륨 용액 1 mL에 상당하는 황산화물(SO_2+SO_3) 가스의 부피 (mL) (표준상태)

4.8 배출가스 중 황산화물(중화적정법) 측정

이 시험기준은 연소 등에 따라 굴뚝 등에서 배출되는 배출가스 중의 황산화물(SO_2+SO_3)을 분석하는 방법에 대하여 규정한다.

1 적용 시험방법

분석 방법	분석원리 및 개요	적용범위
황산화물 - 침전적정법	시료를 과산화수소수에 흡수시켜 황산화물을 황산으로 만든 후 아이소프로필알코올과 아세트산을 가하고 아르세나조 Ⅲ을 지시약으로 하여 아세트산 바륨 용액으로 적정한다.	시료 20 L를 흡수액에 통과시켜 250 mL로 묽게 하여 분석용 시료용액으로 할 때 전 황산화물의 농도가 약 (50~700) ppm의 시료에 적용된다.
황산화물 - 중화적정법	시료를 과산화수소수에 흡수시켜 황산화물을 황산으로 만든 후 수산화소듐 용액으로 적정한다.	시료 20 L를 흡수액에 통과시켜 250 mL로 묽게 하여 분석용 시료용액으로 할 때 전 황산화물의 농도가 250 ppm 이상인 시료에 적용된다.
전기화학식 (정전위 전해법)	정전위전해분석계를 사용하여 시료를 가스투과성격막을 통하여 전해조에 도입시켜 전해액 중에 확산 흡수되는 이산화황을 산화전위로 정전위전해하여 전해전류를 측정하는 방법이다.	(0~1,000) ppm SO_2
용액전도율법	시료를 과산화수소에 흡수시켜 용액의 전기전도율 (electro conductivity)의 변화를 용액전도율 분석계로 측정하는 방법이다.	(0~1,000) ppm SO_2
적외선 흡수법	시료가스를 셀에 취하여 7,300 nm 부근에서 적외선가스분석계를 사용하여 이산화황의 광흡수를 측정하는 방법이다.	(0~1,000) ppm SO_2
자외선 흡수법	자외선흡수분석계를 사용하여 (280~320) nm에서 시료 중 이산화황의 광흡수를 측정하는 방법이다.	(0~1,000) ppm SO_2
불꽃 광도법	불꽃광도검출분석계를 사용하여 시료를 공기 또는 질소로 묽힌 다음 수소 불꽃 중에 도입할 때에 394 nm 부근에서 관측되는 발광광도를 측정하는 방법이다.	(0~1,000) ppm SO_2

2 중화적정법

① 개요

이 시험기준은 연소 등에 따라 굴뚝 등에서 배출되는 배출가스 중의 황산화물(SO_2+SO_3)을 분석하는 방법에 대하여 규정한다.

② 목적 및 적용범위

시료를 과산화수소수에 흡수시켜 황산화물을 황산으로 만든 후 수산화소듐 용액으로 적정한다.

이 방법은 시료 20 L를 흡수액에 통과시키고 이 액을 250 mL로 묽게하여 분석용 시료용액으로 할 때 전 황산화물의 농도가 250 ppm 이상이고 다른 산성가스의 영향을 무시할 때 적용된다.

이산화탄소의 공존은 무방하다.

3 시료채취

시료채취장치는 그림 4.14와 같이 구성할 수 있다.

- 시료채취관은 배출가스 중의 황산화물에 의해 부식되지 않는 재질, 예를 들면 유리관, 석영관, 스테인리스강 재질 (stainless steel pipes) 등을 사용한다.
- 시료가스 중 먼지가 섞여 들어가는 것을 방지하기 위하여 채취관의 앞 끝에 알칼리 (alkali)가 없는 유리솜 등 적당한 여과재를 넣는다.
- 시료가스 중 황산화물과 수분이 응축되지 않도록 시료 채취관과 콕(M) 사이를 가열할 수 있는 구조로 한다. 배관은 될 수 있는 한 짧게 하고, 수분이 응축될 우려가 있는 경우에는 채취관에서 삼방콕 (M) 사이를 160℃정도로 가열한다.
- 채취관과 어댑터 (adapter), 삼방콕 등 가열하는 접속부분은 갈아 맞춤 또는 실리콘 고무관을 사용하고 보통 고무관을 사용하면 안된다.
- 흡수병 2개 이상을 준비하고 각각에 흡수액 50 mL씩을 넣는다. 흡수병은 위로 향한 여과판이 붙은 부피 (150~250) mL 의 것을 사용한다.
- 분석용 시료의 흡수장치는 될 수 있는 한 채취위치에 가깝게 설치하고 시료가스가 비교적 높은 온도일 때는 흡수병을 냉각조에 넣어둔다.

- 흡수병에 시료가스를 전에 배관속을 시료가스로 충분히 치환해 두어야 한다. 흡수장치까지의 배관이 비교적 길 때는 특히 주의가 필요하다.
- 시료의 유량이 1 L/min 정도가 되도록 흡입한다. 채취하는 시료가스의 양은 약 20 L로 하고 황산화물의 농도에 따라서 적당히 증감한다.
- 시료를 채취할 때는 유량계의 위치에서 가스 온도와 압력을 측정하고 필요에 따라서 대기압도 측정한다.

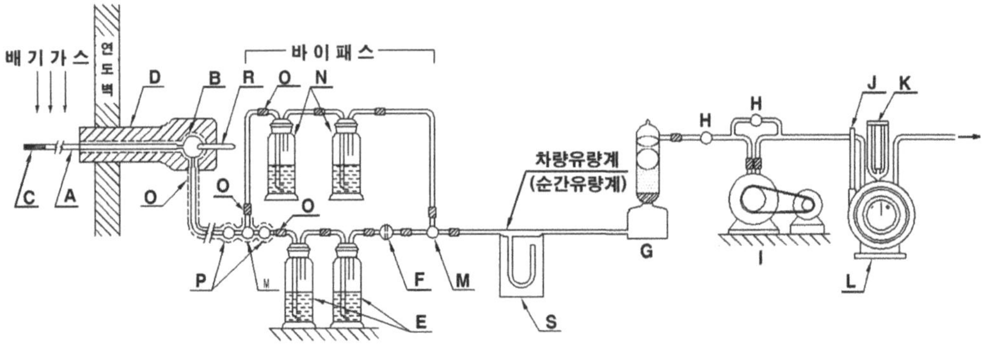

A : 시료채취관 B : 연결관 C : 여과지 D : 보온재
E : 흡수병(위로 향한 여과판 G_2가 붙은 부피 (150~250) mL)
F : 유리필터(G_4) G : 가스건조탑(실리카겔 입자) H : 유량조절 콕
I : 밀폐식 흡입펌프(0.5~5 L/min) J : 온도계 K : 압력계
L : 습식가스미터(1회전 1 L) M : 삼방콕
N : 바이패스용 세척병[1](E와 같은 것) O : 실리콘 고무관
P : 구면 갈아맞춤 R : 온도계[2] S : 마노미터

[1] : 과산화수소수(1+9) 50 mL를 넣는다.
[2] : 가스의 온도를 알고 있을 경우에는 온도계를 꽂지 않아도 좋다.

[그림 4.14] 황산화물 시료채취 장치의 구성.

4 분석용 시료용액의 제조

시료가스의 흡입이 끝나면 용액을 비커에 옮기고 다시 흡수병을 씻어서 합한 후 250 mL 눈금플라스크에 옮겨 넣고 물로 표시선까지 채운 것을 분석용 시료용액으로 한다. 농도가 진한 시료는 적당히 물로 묽게 하여 사용한다.

5 시약 및 표준용액

① 흡수액

과산화수소수 (H_2O_2, hydrogen peroxide, 분자량: 34.01, 12~50%) 100 mL를 취하고 물 900 mL를 섞어 제조한다. 흡수액은 조제 후 어둡고 서늘한 곳에 보관한다.

② 0.1 N 수산화소듐 용액

수산화소듐 (NaOH, sodium hydroxide, 분자량: 40, 특급) 50 g을 칭량하여 폴리에틸렌 병에 넣고 물 약 40 mL를 가하고 흐르는 물에서 식히면서 잘 흔들어 녹인다. 마개를 하고 며칠 찬 곳에 방치하여 포화용액을 만든다. 여기서 수산화소듐 4 g에 상당하는 상층의 맑은 액 (약 5 mL)을 취하여 탄산가스를 함유하지 않는 물을 가하여 1 L로 한다. 이 용액은 폴리에틸렌 병에 넣고 소다석회관을 붙여 보관하고 표정은 다음과 같이 행한다.

- 이때 불순물인 탄산소듐 및 과잉의 수산화소듐은 석출되어 결정이 된다.
- 물을 경질 유리플라스크에 넣고 15분간 끓인 후 소다 석회관을 부착한 마개를 하여 냉각시킨다.

표정

설팜산 (sulfamine acid) (부피분석용 표준시약)을 황산 데시케이터에서 약 48시간 건조 시킨 후 (2~2.5) g을 정확히 달아 물에 녹여 250 mL 눈금플라스크에 옮겨 넣고 물로 표시선까지 채운다.
이 용액 25 mL를 200 mL 삼각플라스크에 분취하고 메틸레드 ($C_{15}H_{15}N_3O_2$, methyl red, 분자량: 269.33, 95%) - 메틸렌블루 ($C_{16}H_{18}N_3SCl$, methylene blue, 분자량: 319.85, 97%) 혼합지시약 약 (3~4) 방울을 가한다.
위에서 조제한 0.1 N 수산화소듐 용액으로 적정하여 액의 색이 자색에서 녹색으로 변화하는 점을 종말점으로 한다. 다음 식에 의하여 역가를 구한다.

$$f = \frac{W \times \frac{25}{250}}{V' \times 0.00971}$$

여기서, f : 0.1 N 수산화소듐 용액의 역가
W : 설팜산의 채취량 (g)
V' : 적정에 사용한 수산화소듐 용액 (0.1 N)의 양 (mL)
0.00971 : 0.1 N 수산화소듐 용액 1 mL의 설팜산 상당량 (g)

- 0.1 N 수산화소듐 대신에 0.1 N 붕산소듐 ($Na_2B_4O_7 \cdot 10H_2O$) 용액을 사용하여도 좋다. 이때는 붕산소듐 19.1 g을 물에 녹여 1 L로 하고 표정은 위와 같이 행한다.

③ 메틸레드 - 메틸렌블루 혼합지시약 (변색점 pH 5.4)

메틸레드 ($C_{15}H_{15}N_3O_2$, methyl red, 분자량: 269.33, 95%) 0.10 g을 에탄올 (C_2H_5OH, ethanol, 분자량: 46.07, 특급) (부피분율 95%) 100 mL에 녹인 것과 메틸렌블루 ($C_{16}H_{18}N_3SCl$, methylene blue, 분자량: 319.85, 97%) 0.10 g을 에탄올 (부피분율 95%) 100 mL에 녹인 것을 사용직전에 필요한 만큼 같은 부피로 섞어 사용한다. 메틸렌블루 용액은 갈색병에 보관한다. 또 섞은 용액은 갈색병에 넣어 어둡고 서늘한 곳에 보관한다. 1 주일 이상 경과한 것은 사용할 수 없다.

6 시험방법

- 제조한 분석용 시료용액의 적당량 (50~100) mL를 250 mL 삼각플라스크에 분취한다.
- 메틸레드 - 메틸렌블루 혼합지시약 (3~5) 방울을 가하여 0.1 N 수산화소듐 용액으로 적정하고 용액의 색이 자주색에서 녹색으로 변한 점을 종말점으로 한다.
- 흡수액을 시료채취시에 사용한 것과 같은 양을 250 mL 눈금플라스크에 취하고 물로 표시선까지 채운 후 분석용 시료용액 분취한 것과 같은 양을 200 mL 삼각플라스크에 분취하고 0.1 N 수산화소듐 용액으로 적정하여 바탕시험값으로 한다.

7 시료채취량

$$Vs_{(\text{습식})} = V \times \frac{273}{273 + t} \times \frac{P_a + P_m - P_v}{760}$$

$$Vs_{(\text{건식})} = V \times \frac{273}{273 + t} \times \frac{P_a + P_m}{760}$$

여기서, V : 가스미터로 측정한 흡입가스량 (L)

Vs : 건조 시료가스 채취량 (L)

t : 가스미터의 온도 (℃)

P_a : 대기압 (mmHg)

P_m : 가스미터의 게이지압 (mmHg)

P_v : t℃에서의 포화수증기압 (mmHg)

8 농도계산

시료 중의 황산화물 농도는 다음 식에 의하여 산출하며, 결과표시는 소수점 둘째자리까지 표기한다.

$$C = \frac{1.12 \times (a-b) \times f \times \frac{250}{V}}{Vs} \times 1{,}000$$

$$C' = C \times \frac{1}{10{,}000}$$

여기서, C : 황산화물의 농도 (ppm)

C' : 황산화물 농도 (부피분율 V/V%)

a : 적정에 사용한 0.1 N 수산화소듐 용액의 양 (mL)

b : 바탕시험에 사용한 0.1 N 수산화소듐 용액의 양 (mL)

f : 0.1 N 수산화소듐의 역가

V : 분석용 시료용액의 분취량 (mL)

Vs : 건조시료 가스량 (L)

1.12 : 0.1 N 수산화소듐 용액 1 mL에 상당하는 황산화물(SO_2+SO_3) 가스의 부피 (mL)

실험실습

- 작업형 구술시험
- 실 험 1 : 배출가스 중 암모니아 측정
- 실 험 2 : 배출가스 중 염화수소(HCl) 측정
- 실 험 3 : 배출가스 중 황산화물(중화적정법) 측
- 실 험 4 : 배출가스 중 황산화물(침전적정법) 측

작업형 구술시험

실험실에서의 분석실험을 수행함에 있어서 분석실험부분, 시료채취부분으로 나뉘어 실시하게 된다.

1. 분석실험부분

(1) 실험수행능력

① 초자기구 사용시 증류수로 2회 이상 세척하는가?

② 용량 플라스크나 피펫을 사용할 때 눈금을 눈높이에서 표선에 일치시키는가?

③ 플라스크 등 기구류의 파손이 없는가?

④ 실험기구를 적재적소에 사용하는가?

⑤ 피펫 또는 필라 등을 정확하게 사용하는가?

⑥ 실험태도가 성실한가?

⑦ 제조시약에 라벨을 정확하게 부착하고 실험에 임하는가?

⑧ 제조시약의 제조량과 제조숫자가 일치하는가?

⑨ 기타 실험수행의 전반적인 사항

(2) 시약제조부분

시약 혼합시 마그네틱 스털러를 이용하여 완전히 혼합하거나 유리마개 또는 sealing film을 사용하여 완전히 흔들어 혼합해야 한다.

(3) 적정실험 및 흡광도 측정 수행부분

① UV흡광광도계를 정확하게 사용하는지, 대상시료의 흡광도측정을 정확히 하여 기술할 수 있는지 검토한다.

② 표정 및 적정시 종말점 색상이 정확하게 나타나는지, 미지시료와 바탕시험치의 적정치를 정확히 찾아내어 기술하였는지 살펴본다.

2. 시료채취부분

(1) 장치구성 순서

① 장치구성을 정확히 구성할 수 있는지 파악한다.

② 임핀저의 방향(흡·입출)이 모두 맞고 여과지 홀더의 방향이 정확하게 구성되는지 살펴본다.

(2) 흡수액의 사용

① 가상 시료채취물질에 알맞은 흡수액과 세척병에 넣은 용액을 사용하였는지 구분할 수 있다.

② 가상 시료채취물질에 알맞은 흡수액을 사용할 수 있는지 살펴본다.

3. 조작형 문제의 해결

시료채취에 대한 것은 실험실에서 구술시험으로 파악할 수 있으며 각 오염물질의 시료채취를 위한 장치구성과 함께 표 4.2의 분석물질별 흡수액을 반드시 숙지할 수 있어야 한다. 구술시험과 관련하여 시료채취 장치의 조작 및 조립된 장치의 흡인조작 등을 설명할 수 있어야 하며, 실험 도중 감독관으로부터 진행된다.

시료채취장치의 구성은 다음 그림과 같이 설치할 수 있어야 한다.

연결관은 "고무호스"로 대체한다.

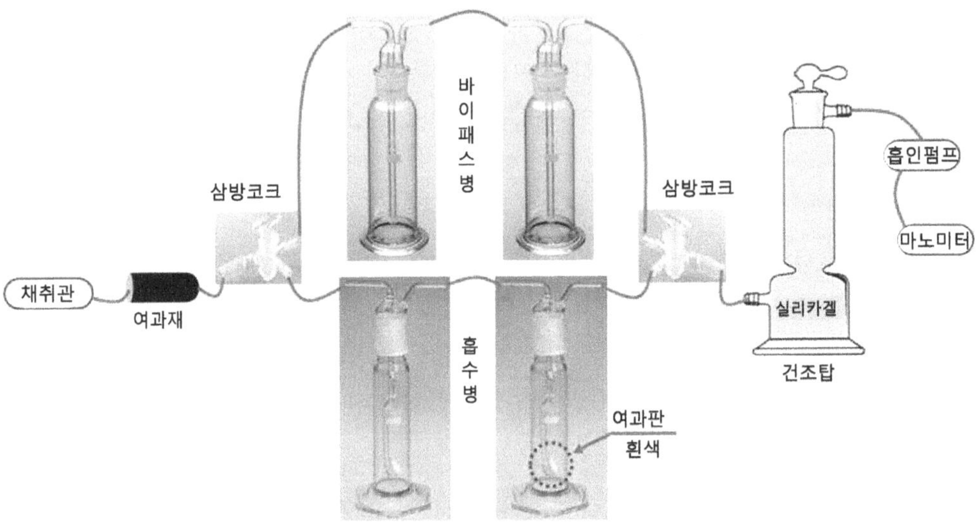

<시료채취장치의 구성>

① 시료채취관(가스상물질과 입자상물질 유입)

시료채취관 재질은 주로 유리관, 석영관, 불소수지관, 스테인레스강관을 사용하며, 굴뚝의 배기가스의 흐름에 직각이 되도록 설치함

② 여과지홀더

여과지에 의해 먼지(입자상물질)가 제거되고, 가스상물질만 통과시킴(원통형여과지, 둥근여과지, 흡착제)

③ 흡수병

흡수병은 가스를 포집하는 기능을 하며, 유리여과판에 가스가 부딪혀 접촉면적을 넓게하여 가스가 많이 포집되도록 함(흡수병에는 흰색의 여과판이 붙어있으니, 바이패스병과 구분할 수 있다)

④ 바이패스병

바이패스병은 시료가스의 반대되는 액성을 사용하며, 중화제라고도 하고 흡수병에 시료를 도입하기 전에 배관속을 시료로 치환하는 기능을 하게 됨(대롱이 긴 부분이 가스의 유입이 되기 때문에 시료채취관이 있는 쪽으로 향하게 왼쪽으로 위치해야 함)

⑤ 건조제(실리카겔)

건조제의 역할은 건조탑 다음에 위치하는 펌프나 가스미터의 부식을 방지하기 위하여 수분과 가스를 흡착함

⑥ 삼방코크

밸브 역할을 하는 것으로 배기가스를 흡수병으로 보낼 것인지, 바이패스병으로 보낼 것인지 결정하는 제어장치

※ 작업형 실기시험장의 현장여건에 따라서 흡수병/바이패스병을 동일한 것으로 사용하기도 한다. 또한, 감독관이 이미 조립된 장치를 이용하여 흡인조작을 지시하게 되면 구두로 차분히 설명할 수 있도록 숙지하여야 함

- 다음과 같이 구두로 말한다.

- 시료가스를 흡입할 때 먼저 여과재를 통하여 입자상 물질을 제거한다.
- 삼방코크를 바이패스 쪽으로 개방하여 시료가스로 충분하게 배관내를 치환시킨다.
- 다시 삼방코크를 흡수병 쪽으로 개방하여 원하는 시료가스를 흡수시킨다.
- 배출되는 가스를 건조탑에서 건조시킨 후 가스미터로 유량을 측정한다.

4. 예상되는 구두질문과 답변

번호	구분	내용
1	Q	굴뚝에서의 시료채취관 위치는 어떻게 해야 하나?
	A	굴뚝의 중앙에 오도록 위치시킵니다.

번호	구분	내용
2	Q	이것은(그림의 D부분) 무엇이며, 여기에 무엇을 넣는가?
	A	여과재이며, 무알칼리성 유리 섬유여과지나 유리필터, 유리여과기 등으로 충진되어 있습니다.

번호	구분	내용
3	Q	여기에는(그림의 G부분) 무엇이 들어가는가?
	A	그것은 건조탑으로 내용물은 건조재가 들어있습니다. 사용되는 건조재는 입상 실리카겔이나 염화칼슘입니다.

번호	구분	내용
4	Q	가스건조탑에서 건조재를 얼마나 채우나?
	A	가능하면 가득 채웁니다.

번호	구분	내용
5	Q	가스 건조탑을 왜 장치해 두는가?
	A	mist로 인한 펌프나 가스미터를 보호하기 위해 사용합니다.

6	Q	암모니아 분석시 적합한 시료채취관의 재질을 알고 있는가?
	A	유리관이나 석영관, 불소수지관, 스테인리스강관을 사용합니다.

7	Q	암모니아를 분석할 때 흡수병과 바이패스 세척병에 어떤 용액을 넣는가?
	A	일반적으로 시료가 산성일 때는 NaOH(20 W/V%)용액을 주입하고, 시료가 알칼리성일 때는 H_2SO_4(25 W/V%)용액을 주입하는데 암모니아의 경우는 황산(10 W/V%)용액을 주입합니다.

	흡수액	바이패스병의 용액
암모니아	붕산용액 (0.5%)	황산 (10%)
염화수소	수산화나트륨 (0.1 N)	수산화나트륨 (20%)
황산화물	과산화수소수 (1+9)	과산화수소수 (1+9)
황화수소	아연아민착염용액	수산화나트륨 (20%)

8	Q	바이패스용 세척병은 언제 사용하는가?
	A	흡수병을 사용할 때 사용합니다. 그리고 시료 흡인 초기에 배관 내를 시료가스로 치환시켜 분석오차가 발생되는 것을 방지하기 위해 사용됩니다.

9	Q	흡수병과 세척병 중 어느 것을 먼저 설치해야 하는가?
	A	삼방콕으로 동시에 연결되지만 꼭 우선순위를 부여한다면 바이패스용 세척병을 먼저 연결해야 합니다.

10	Q	그 이유는?
	A	시료가스를 흡입할 때 먼저 바이패스 쪽으로 개방하여 시료가스로 충분하게 배관내를 치환시켜야 하기 때문입니다.

11	Q	연도의 가스 시료 채취위치는 어떤 곳이어야 하나?
	A	균일한 시료를 채취할 수 있는 지점이면 됩니다. 그런데 일반적으로는 입자상 물질의 시료채취 규정에 따라 선정하고 있습니다.

실험 1 배출가스 중 암모니아 측정

〈요구사항〉

대기환경기사가 당해사업장의 보일러에서 배출되는 배출가스중의 암모니아를 대기오염 공정시험방법에 의하여 측정하고 있다. 기 측정된 조건 및 결과치가 표 1과 같을 때 다음 물음에 답하고, 또한 주어진 제조방법에 따라 미지시료를 제조, 분석한 결과를 이용하여 실험계획서를 완성하시오.(단, 계산문제인 경우 필요로 하는 공식을 기재하시오.

[표 1] 시료채취시 조건

배출가스온도(℃)	150	피토관계수	0.85
평균동압(mmH_2O)	2.1	중력가속도(m/sec^2)	9.81
평균정압(mmH_2O)	-9	배출가스 중의 수분량(%)	15
측정공에서의 굴뚝직경(m)	0.9	대기압(mmHg)	770
측정공의 높이(m)	20	$\gamma_o(kg/m^3)$	1.3
건식가스미터로 측정한 흡인가스량(L)	20	건식가스미터온도(℃)	26.5
건식가스미터 게이지압(mmHg)	3	26.5℃에서의 포화수증기압(mmHg)	25.21

1. 실험의 측정원리를 서술하시오.

시험방법

1. 시료의 흡수 및 분석용 시료용액의 조제

① 흡수과정은 생략하며 흡수완료된 분석용 시료 용액량은 250 mL로 가정한다.

② 분석용 시료의 조제는 시약제조의 방법에 기술된 내용을 기준으로 하여 아래와 같은 방법으로 분석을 수행한다.

2. 실험방법에 따라 분석을 수행하시오.

① 분석용시료용액과 암모니아 표준액 10 mL씩을 유리마개가 있는 시험관에 취하고 여기에 페놀-니트로프르스드나트륨 용액 5 ml씩을 가하고 잘 흔들어 저은 다음 차아염소산나트륨 용액 5 mL씩을 가한다음 마개를 하고 조용히 흔들어 섞는다.

② 액온을 25~30℃에서 1시간 방치한 다음 10 mL의 셀에 옮기고 광전분광광도계 또는 분광광도계로 640 nm부근의 파장에서 흡광도를 측정한다.

③ 대조액으로는 흡수액 10 mL를 본문과 같이 조작한 것을 쓴다.

시약제조 방법

1. 암모니아 표준액을 제조하시오 (NH_3 0.001 mL/표준액 mL, 500 mL 제조기준)
   - 황산암모늄[$(NH_4)_2SO_2$] 1.4749 g을 물에 녹여 정확히 500 mL로 하고 이용액을 흡수액으로 1,000배 묽게 희석하여 표준액으로 한다.

2. 페놀-니트로 프르시드나트륨 용액을 제조하시오
   - 페놀 2.5 g+니트로프르시드나트륨 12.5 mg+증류수를 넣어 → 250 mL로 한다.

3. 차아염소산나트륨 용액을 제조하시오
   - 차아염소산나트륨용액 (3~10%) 50/C (C : 유효염소%) mL와 수산화나트륨 7.5 g을 물에 녹여 500 mL로 한다.

4. 붕산 (0.5%)용액을 제조하시오 : 1,000 mL 및 250 mL 기준(총 1,250 mL 제조)

5. 분석용 시료 (미지시료) - ①, ②
   - (암모니아 표준액 : 흡수액)= ① 부피로 5:5, ②부피로 7:3 을 각각 혼합하여 미지시료 ①, ②에 대하여 암모니아가스를 흡수한 분석용 시료 용액으로 가정하여 분석한다.

2. 시약제조방법에 기술된 암모니아 표준액 제조에 사용되는 황산암모늄의 양이 1.4749 g이 되는 산정과정을 기술하시오.(*소숫점 둘째자리까지만 산정)

3. 실험분석결과치 이용하여 미지시료 ①, ②(채취시료)의 농도를 계산하고 계산식과 과정을 기술하시오.

시료	흡광도
분석용 시료 1 (5:5)	
분석용 시료 2 (7:3)	
표준액	
대조액	

4. 서술형 문제

굴뚝부터 시작되는 시료채취장치를 그림으로 사실적(연결상태 포함)으로 나타내고 (A~P 기호를 부여함) 다음 물음에 답하시오.

① 다음 그림의 명칭을 쓰시오.

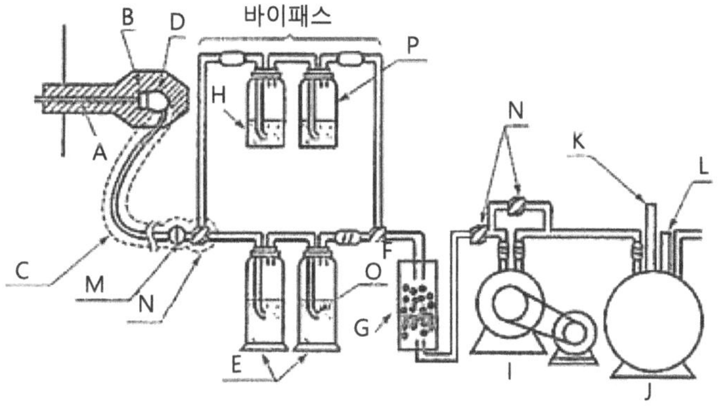

☑ 해설)

A	시료채취관	B	보온재	C	히터
D	여과재	E	흡수병(용량 약 250 mL)	F	삼방콕
G	건조재	H	바이패스용 세척병	I	흡인펌프
J	습식가스미(1회전 1~5 L)	K	온도계	L	압력계
M	구면 갈아맞춤	N	콕	O	여과관 또는 여과구
P	트랩				

② 여과재의 종류를 2가지 이상 쓰시오.

☑ 해설) 유리여과지, 유리필터

③ 건조제의 종류를 2가지 이상 쓰시오.

☑ 해설) 입상 실리카겔, 염화칼슘

④ 바이패스 흡수병을 사용하는 이유에 대하여 서술하시오.

☑ 해설) 바이패스 흡수병에는 황산 10% 용액을 적당량 넣어 두며, 흡수병에 시료를 도입하기 전에 바이패스를 써서 배관 속을 시료로 충분히 치환해 주기 위해 사용한다.

⑤ 채취관 재질의 종류(3가지 이상)를 쓰시오.

☑ 해설) 유리관, 석영관, 불소수지관, 스테인리스강관

실험 2 배출가스 중 염화수소 측정

〈요구사항〉

대기환경기사가 당해사업장의 보일러에서 배출되는 배출가스중의 염화수소를 대기오염공정시험방법에 의하여 측정하고 있다. 기 측정된 조건 및 결과치가 표 1과 같을 때 다음 물음에 답하고, 또한 주어진 제조방법에 따라 미지시료를 제조, 분석한 결과를 이용하여 실험계획서를 완성하시오.(단, 계산문제인 경우 필요로 하는 공식을 기재하시오.

[표 1] 시료채취시 조건

배출가스온도(℃)	120	피토관계수	0.85
평균동압(mmH_2O)	10	중력가속도(m/sec^2)	9.81
평균정압(mmH_2O)	-5	배출가스 중의 수분량(%)	18
측정공에서의 굴뚝직경(m)	2	대기압(mmHg)	758
측정공의 높이(m)	25	γ_o(kg/m^3)	1.3
습식가스미터로 측정한 흡인가스량(L)	36	습식가스미터의 흡인가스 온도(℃)	26
습식가스미터 게이지압(mmHg)	10	26℃에서의 포화수증기압(mmHg)	25.21

1. 실험의 측정원리를 서술하시오.

시험방법

1. 시료의 흡수 및 분석용 시료용액의 조제
   ① 흡수과정은 생략하며 흡수 완료된 분석용 시료 용액량은 100 mL로 가정한다.
   ② 분석용 시료의 조제는 시약제조의 방법에 기술된 내용을 기준으로 하여 아래와 같은 방법으로 분석을 수행한다.

2. 실험방법에 따라 분석을 수행하시오.
   ① 분석용시료용액 5 mL 및 염소이온 표준액 5 mL를 각각 유리마개가 있는 시험관에 취하여 각각에 황산제이철 암모늄용액 2 mL와 티오시안산 제이수은용액 1 mL 및 메틸알코올 10 mL씩을 가한다음 마개를 하고 흔들어 잘 섞는다.
   ② 20℃에서 5~30분 사이에 10 mm 셀에 옮겨 광전광도계 또는 광전분광광도계에서 파장 460 nm 부근에서 흡광도를 측정한다.
   ③ 대조액으로는 흡수액을 위와 같은 방법으로 처리하여 사용한다.

시약제조 방법

1. 염소이온 표준액을 제조하시오.(500 ml 제조기준)
   - 염화나트륨 0.1305 g + distilled water → 500 ml (A액)
     A액을 10배 희석하여 염소이온 표준액으로 한다.

2. 티오시안산 제이수은 용액을 제조하시오.
   - 티오시안산 제이수은 0.4 g + 메틸알코올 → 100 ml (갈색병에 보관)

3. 황산제이철암모늄 용액을 제조하시오.
   - 황산제이철암모늄 6 g + 과염소산(70%)(1+2) 100 ml에 녹이고 갈색병에 보관한다.
     (*과염소산이 60%일 경우는 과염소산(2+3) 100 ml에 녹이도록 함.)

4. 흡수액(수산화나트륨 0.1 N) 250 ml 제조하시오.

5. 분석용 시료 (미지시료) - ①, ②
   - (염화수소 표준액 : 흡수액)= ① 부피로 2:3, ② 부피로 3:2를 각각 혼합하여 미지시료 ①, ②에 대하여 염화수소가스를 흡수한 분석용 시료 용액으로 가정하여 분석한다.

2. 실험분석결과치 이용하여 미지시료 ①, ②(채취시료)의 농도를 계산하고 계산식과 과정을 기술하시오.

시료	흡광도
분석용 시료 1 (2:3)	
분석용 시료 2 (3:2)	
표준액	
대조액	

3. 서술형 문제

굴뚝부터 시작되는 시료채취장치를 그림으로 사실적(연결상태 포함)으로 나타내고 (A~P 기호를 부여함) 다음 물음에 답하시오.

① 다음 그림의 명칭을 쓰시오.

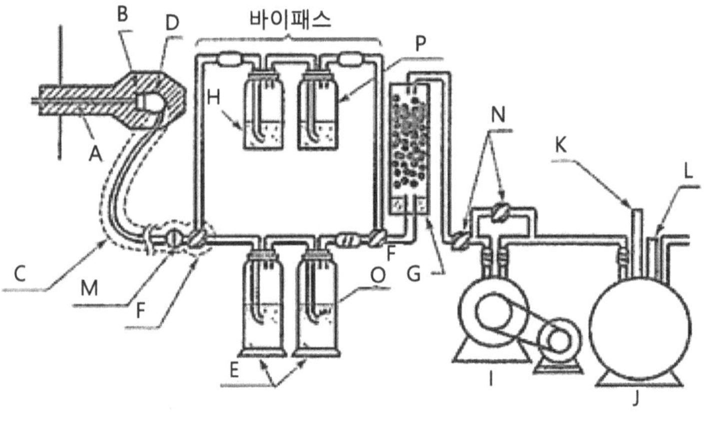

☑ 해설)

A	시료채취관	B	보온재	C	히터
D	여과재	E	흡수병(용량 약 250 mL)	F	삼방콕
G	건조재	H	바이패스용 세척병	I	흡인펌프
J	습식가스미터(1회전 1~5 L)	K	온도계	L	압력계
M	구면 갈아맞춤	N	콕	O	여과관 또는 여과구
P	트랩				

② 기타문제 유형과 답안은 "실험 1. 암모니아 측정"을 참조한다.

실험 3 배출가스 중 황산화물(중화적정법) 측정

〈요구사항〉

대기환경기사가 당해사업장의 보일러에서 배출되는 배출가스중의 황산화물(중화적정법)을 대기오염공정시험방법에 의하여 측정하고 있다. 기 측정된 조건 및 결과치가 표 1과 같을 때 다음 물음에 답하고, 또한 주어진 제조방법에 따라 미지시료를 제조, 분석한 결과를 이용하여 실험계획서를 완성하시오.(단, 계산문제인 경우 필요로 하는 공식을 기재하시오.

[표 1] 시료채취시 조건

배출가스온도(℃)	180	피토관계수	0.85
평균동압(mmH_2O)	10	중력가속도(m/sec^2)	9.81
평균정압(mmH_2O)	17.53	배출가스 중의 수분량(%)	8
측정공에서의 굴뚝직경(m)	0.9	대기압(mmHg)	758
측정공의 높이(m)	20	$\gamma_o(kg/m^3)$	1.3
습식가스미터로 측정한 흡인가스량(L)	22.5	습식가스미터의 흡인가스 온도(℃)	27
습식가스미터 게이지압(mmHg)	10	27℃에서의 포화수증기압(mmHg)	26.74

1. 실험의 측정원리를 서술하시오.

시험방법

1. 시료의 흡수 및 분석용 시료용액의 조제
   ① 흡수과정은 생략하며 흡수완료된 분석용 시료 용액량은 250 mL로 가정한다.
   ② 분석용 시료의 조제는 시약제조의 방법에 기술된 내용을 기준으로 하여 아래와 같은 방법으로 분석을 수행한다.

2. 실험방법에 따라 분석을 수행하시오.
   ① N/10 수산화나트륨용액의 역가를 구한다.
   ② 조제된 분석용 시료용액 10 mL를 200 mL 삼각플라스크에 분취한다.
   (분석용 시료용액의 조제(실험수행은 생략한다.) : 흡수병 2개에 각각 50 mL씩을 넣어 흡수시킨 후 용액을 비이커에 옮기고 다시 흡수병을 씻어 합한 후 250 mL 메스플라스크에 옮겨 넣고 물로 표선까지 채우고 분석용 시료 용액으로 한다.)
   ③ 메틸레드-메틸렌블루 혼합지시약 3~5 방울을 가하여 N/10 수산화나트륨 용액으로 적정하고 용액의 색이 자주색에서 녹색으로 변한 점을 종말점으로 한다.
   ④ 흡수액을 이용하여 상기 언급된 실험방법으로 바탕실험을 행한다.

시약제조 방법

1. 흡수액 : 과산화수소수 (1+9) (제조를 생략하고 증류수로 대체한다.)

2. N/10 수산화나트륨 용액 - 500 mL 제조기준
   - 수산화나트륨 2 g을 물로 녹여 500 mL로 한다.

3. 메틸레드-메틸렌블루 혼합지시약
   - 메틸레드 0.1 g을 메틸알코올(95 V/V%) 100 mL에 녹인 것과 메틸렌블루 0.1 g을 메틸알코올 100 mL에 녹인 것을 사용직전에 필요한 만큼 같은 부피로 섞는다.

4. 분석용 시료 (미지시료) - ①, ②
   ① 미지시료 1 : 0.1 N 황산을 25배 희석하여 100 mL 제조
   ② 미지시료 2 : 0.1 N 황산을 50배 희석하여 100 mL 제조

2. N/10 수산화나트륨의 역가를 구하시오.(단, 계산식 각각의 기호에 대하여 설명하시오.)

$$f = \frac{W \times \frac{①}{②}}{V' \times 0.00971}$$

f : 0.1 N 수산화나트륨 용액의 역가

①=25 : 술파민산용액의 분취량(mL)

②=250 : 제조한 술파민산용액의 총량(mL)

③= W : 술파민산의 채취량 (g)

④= V' : 표정시 적정에 사용한 수산화소듐 용액 (0.1 N)의 양 (mL)

0.00971 : 0.1 N 수산화소듐 용액 1 mL의 술파민산 상당량 (g)

표정액	적정량(mL)
0.1 N 수산화나트륨용액	
표정 결과치(역가)	

3. 실험분석결과치 이용하여 미지시료 ①, ②(채취시료)의 농도를 계산하고 계산식과 과정을 기술하시오.

시료	적정량(mL)
미지시료 1	
미지시료 2	
대조액	

4. 서술형 문제

굴뚝부터 시작되는 시료채취장치를 그림으로 사실적(연결상태 포함)으로 나타내고 (A~P 기호를 부여함) 다음 물음에 답하시오.

① 다음 그림의 명칭을 쓰시오.

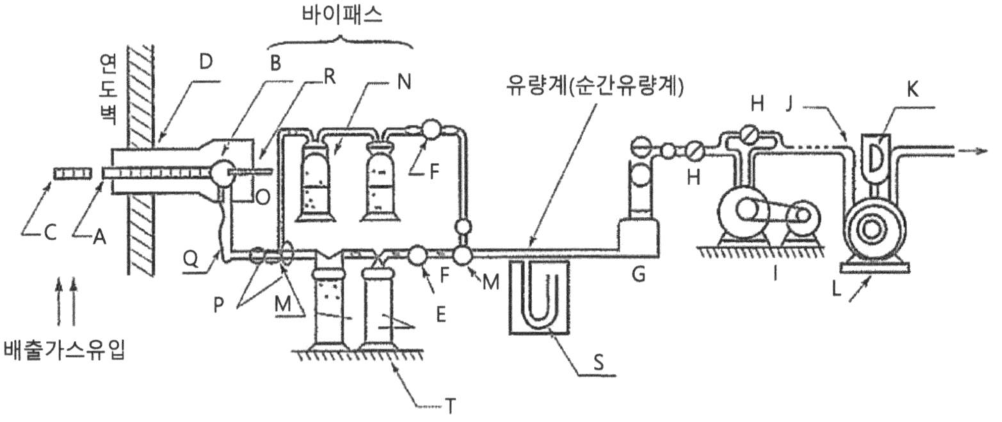

☑ 해설)

A	시료채취관	B	연결관	C	여과재
D	보온재	E	흡수병(위로 향한 여과판이 붙은 용량 150~250 mL인 것)		
F	유리필터(G4)	G	가스 건조탑(실리카겔)	H	유량조절 콕
I	밀폐식 흡인펌프(0.5~5 L/분)	J	온도계	K	압력계
L	습식가스미터(1회전 1 L)	M	3방 콕	N	바이패스용 세척병
O	실리콘 고무관	P	구면을 갈아맞춤	Q	히터
R	온도계	S	마노미터	T	얼음조

② 기타문제 유형과 답안은 “실험 1. 암모니아 측정”을 참조한다.

실험 4 배출가스 중 황산화물(침전적정법) 측정

〈요구사항〉

대기환경기사가 당해사업장의 보일러에서 배출되는 배출가스중의 황산화물(침전적정법)을 대기오염공정시험방법에 의하여 측정하고 있다. 기 측정된 조건 및 결과치가 표 1과 같을 때 다음 물음에 답하고, 또한 주어진 제조방법에 따라 미지시료를 세조, 분석한 결과를 이용하여 실험계획서를 완성하시오.(단, 계산문제인 경우 필요로 하는 공식을 기재하시오.

[표 1] 시료채취시 조건

배출가스온도(℃)	180	피토관계수	0.85
평균동압(mmH_2O)	10	중력가속도(m/sec^2)	9.81
평균정압(mmH_2O)	17.53	배출가스 중의 수분량(%)	8
측정공에서의 굴뚝직경(m)	0.9	대기압(mmHg)	758
측정공의 높이(m)	20	γ_o(kg/m^3)	1.3
습식가스미터로 측정한 흡인가스량(L)	22.5	습식가스미터의 흡인가스 온도(℃)	27
습식가스미터 게이지압(mmHg)	10	27℃에서의 포화수증기압(mmHg)	26.74

1. 실험의 측정원리를 서술하시오.

시험방법

1. 시료의 흡수 및 분석용 시료용액의 조제

① 흡수과정은 생략하며 흡수 완료된 분석용 시료 용액량은 250 mL로 가정한다.

② 분석용 시료의 조제는 시약제조의 방법에 기술된 내용을 기준으로 하여 아래와 같은 방법으로 분석을 수행한다.

2. 실험방법에 따라 분석을 수행하시오.

① N/100 초산바륨 용액의 역가를 구한다.

② 조제된 분석용 시료용액 10 mL를 200 mL 삼각플라스크에 분취한다.

(분석용 시료용액의 조제(실험수행은 생략한다.) : 흡수병 2개에 각각 50 mL씩을 넣어 흡수시킨후 용액을 비이커에 옮기고 다시 흡수병을 씻어 합한 후 250 mL 메스플라스크에 옮겨 넣고 물로 표선까지 채우고 분석용시료 용액으로 한다.)

③ 이소프로필알코올 40 mL, 초산 1 mL 및 아르세나조III 지시약 4~6방울을 가하고 N/100 초산바륨 용액으로 적정한다. (액의 색이 청색으로 되어 1분간 지속되는 점을 종말점으로 한다.)

④ 흡수액을 이용하여 상기 언급된 실험방법으로 바탕실험을 행한다.

시약제조 방법

1. 과산화수소수 (1+9) (제조를 생략하고 증류수로 대체한다.)

2. N/250 황산 - 250 mL 제조기준

3. N/100 초산바륨 용액
   - 초산 바륨 0.275 g 및 초산납 0.1 g을 물 50 mL 및 초산 1 mL에 녹이고 이소프로필알코올을 가하여 250 mL로 한다.

4. N/100 초산바륨 용액 표정

5. 아르세나조III 지시약
   - 아르세나조III 0.2 g을 물 100 mL에 녹인다.

6. 분석용 시료 (미지시료) - ①, ②

   ① 미지시료 1 : 0.1 N 황산을 25배 희석하여 100 mL 제조

   ② 미지시료 2 : 0.1 N 황산을 50배 희석하여 100 mL 제조

2. N/100 초산바륨 용액의 역가를 구하시오.

(단, 계산식의 ①②③④에 대한 알맞은 내용을 쓰고 설명하시오.)

N/250 황산 10 mL를 200 mL 삼각 플라스크에 정확히 분취하고 이소프로필알코올 40 mL, 초산 1 mL 및 아르세나조III 지시약 4~6방울을 가하여 N/100 초산바륨 용액으로 적정하여 액의 청색이 1분간 계속되는 점을 종말점으로 한다.

$$f = \frac{10 \times f'}{V'} \times \frac{③}{④}$$

f : 0.01 N 초산바륨 용액의 역가

①= f' : N/250 황산의 역가(0.01 N 황산의 역가와 같다)

②= V' : 적정에 사용한 초산산바륨 용액 (0.01N)의 양 (mL)

③=100 : 초산바륨 규정도의 역수

④=250 : 황산 규정도의 역수

표정액	적정량(mL)
0.1 N 수산화나트륨용액	
표정 결과치(역가)	

3. 실험분석결과치 이용하여 미지시료 ①, ②(채취시료)의 농도를 계산하고 계산식과 과정을 기술하시오.

시료	적정량(mL)
미지시료 1	
미지시료 2	
바탕실험액	

4. 서술형 문제

굴뚝부터 시작되는 시료채취장치를 그림으로 사실적(연결상태 포함)으로 나타내고 (A~P 기호를 부여함) 다음 물음에 답하시오.

① 다음 그림의 명칭을 쓰시오.

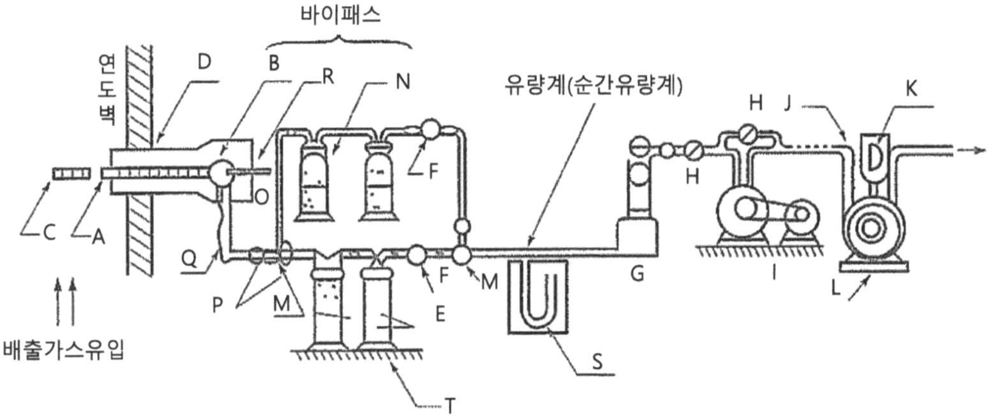

☑ 해설)

A	시료채취관	B	연결관	C	여과재
D	보온재	E	흡수병(위로 향한 여과판이 붙은 용량 150~250 mL인 것)		
F	유리필터(G4)	G	가스 건조탑(실리카겔)	H	유량조절 콕
I	밀폐식 흡인펌프(0.5~5 L/분)	J	온도계	K	압력계
L	습식가스미터(1회전 1 L)	M	3방 콕	N	바이패스용 세척병
O	실리콘 고무관	P	구면을 갈아맞춤	Q	히터
R	온도계	S	마노미터	T	얼음조

② 기타문제 유형과 답안은 "실험 1. 암모니아 측정"을 참조한다.

Chapter 5
폐기물분야 항목별 공정시험법

5.1 시료의 채취

5.2 시험방법

5.3 폐기물 물질분석 흐름도

5.4 삼성분 분석

5.5 원소분석

5.6 발열량 분석

❖ 실험실습 및 연습문제

폐기물은 「폐기물관리법」에 따라 다음과 같이 정의하고 있다.

1. "폐기물"이란 쓰레기, 연소재(燃燒滓), 오니(汚泥), 폐유(廢油), 폐산(廢酸), 폐알칼리 및 동물의 사체(死體) 등으로서 사람의 생활이나 사업활동에 필요하지 아니하게 된 물질을 말한다.
2. "생활폐기물"이란 사업장폐기물 외의 폐기물을 말한다.
3. "사업장폐기물"이란 「대기환경보전법」, 「물환경보전법」 또는 「소음·진동관리법」에 따라 배출시설을 설치·운영하는 사업장이나 그 밖에 대통령령으로 정하는 사업장에서 발생하는 폐기물을 말한다.
4. "지정폐기물"이란 사업장폐기물 중 폐유·폐산 등 주변 환경을 오염시킬 수 있거나 의료폐기물(醫療廢棄物) 등 인체에 위해(危害)를 줄 수 있는 해로운 물질로서 대통령령으로 정하는 폐기물을 말한다.
5. "의료폐기물"이란 보건·의료기관, 동물병원, 시험·검사기관 등에서 배출되는 폐기물 중 인체에 감염 등 위해를 줄 우려가 있는 폐기물과 인체 조직 등 적출물(摘出物), 실험 동물의 사체 등 보건·환경보호상 특별한 관리가 필요하다고 인정되는 폐기물로서 대통령령으로 정하는 폐기물을 말한다.

5의2. "의료폐기물 전용용기"란 의료폐기물로 인한 감염 등의 위해 방지를 위하여 의료폐기물을 넣어 수집·운반 또는 보관에 사용하는 용기를 말한다.

5의3. "처리"란 폐기물의 수집, 운반, 보관, 재활용, 처분을 말한다.

6. "처분"이란 폐기물의 소각(燒却)·중화(中和)·파쇄(破碎)·고형화(固形化) 등의 중간처분과 매립하거나 해역(海域)으로 배출하는 등의 최종처분을 말한다.
7. "재활용"이란 다음 각 목의 어느 하나에 해당하는 활동을 말한다.

가. 폐기물을 재사용·재생이용하거나 재사용·재생이용할 수 있는 상태로 만드는 활동

나. 폐기물로부터 「에너지법」 제2조제1호에 따른 에너지를 회수하거나 회수할 수 있는 상태로 만들거나 폐기물을 연료로 사용하는 활동으로서 환경부령으로 정하는 활동

8. "폐기물처리시설"이란 폐기물의 중간처분시설, 최종처분시설 및 재활용시설로서 대통령령으로 정하는 시설을 말한다.
9. "폐기물감량화시설"이란 생산 공정에서 발생하는 폐기물의 양을 줄이고, 사업장 내 재활용을 통하여 폐기물 배출을 최소화하는 시설로서 대통령령으로 정하는 시설을 말한다.

5.1 시료의 채취

폐기물의 성상과 폐기물에 함유된 각종 오염물질을 측정하기 위하여 시료를 채취하는 방법과 시료를 조제하는 방법을 공정시험법으로 설명한다.

채취도구는 시료의 채취과정 또는 보관 중에 침식되거나 녹이 나는 재질의 것을 사용해서는 안된다.

시료용기는 시료를 변질시키거나 흡착하지 않는 것이어야 하며, 기밀하고 누수나 흡습성이 없어야 한다. 시료용기는 무색경질의 유리병, 폴리에틸렌병 또는 폴리에틸렌백을 사용한다. 다만, 노말헥산 추출물질, 유기인, 폴리크로리네이티드비페닐(PCBs) 및 휘발성 저급 염소화 탄화수소 실험을 위한 시료의 채취 시에는 갈색경질의 유리병을 사용하여야 한다. 시료 중에 다른 물질의 혼입이나 성분의 손실을 방지하기 위하여 밀봉할 수 있는 마개를 사용하며, 코르크 마개를 사용하여서는 안된다. 다만, 고무나 코르크마개에 파라핀지, 유지 또는 셀로판지를 씌워 사용할 수도 있다. 시료용기엔느 폐기물의 명칭, 대상 폐기물의 양, 채취 장소, 채취 시간 및 일기, 시료 번호, 채취 책임자 이름, 시료의 양, 채취 방법, 기타 참고자료(보관상태 등)를 기재한다.

1 시료의 채취 방법

시료는 일반적으로 폐기물이 생성되는 단위 공정별로 구분하여 채취하여야 한다.

시료를 채취하기 전에 폐기물을 잘 혼합하여야 하며 이것이 불가능할 경우에는 전체의 성질을 대표할 수 있도록 서로 다른 곳에서 채취하여야 한다. 다만, 서로 다른 종류의 폐기물이 혼재되어 있다고 판단될 때에는 혼재된 폐기물의 성분별로 각각에 대해 시료를 채취할 수 있다.

① 고상혼합물 시료채취

고상 혼합물의 경우에는 적당한 채취 도구를 사용하며 한 번에 일정량씩을 채취하여야 한다.

② 액상혼합물 시료채취

액상 혼합물의 경우에는 원칙적으로 최종 지점의 낙하구에서 흐르는 도중에 채취한다. 용기에 들어 있을 때에는 잘 혼합하여 균일한 상태로 만든 후에 채취한다.

액상폐기물

고형물의 함량이 5% 미만인 것

반고상폐기물

고형물의 함량이 5% 이상 15% 미만인 것

고상폐기물

고형물의 함량이 15% 이상인 것

2 시료의 양

시료의 양은 1회에 100 g 이상으로 채취한다. 다만, 소각재의 경우에는 1회에 500 g 이상으로 채취한다.

3 분석시료의 수

각 분석 시료의 대표성 확보를 위한 현장 시료의 수는 표 5.1에 따른다. 다만, 폐기물의 생성 또는 처리되는 공정이 적정하게 관리되고 있으며 성상이 일정한 경우에는 표 5.1에 관계없이 필요한 개수의 현장 시료를 채취할 수 있다.

같은 종류의 폐기물이 계속 배출되는 경우에는 집적되어 있는 폐기물의 양에 관계없이 표 5.1에 따라 당일 배출분에서 현장 시료를 채취할 수 있다.

[표 5.1] 대상 폐기물의 양과 현장 시료의 최소 수

대상 폐기물의 양(단위 : ton)			현장 시료의 최소 수
	~	1 미만	6
1 이상	~	5 미만	10
5 이상	~	30 미만	14
30 이상	~	100 미만	20
100 이상	~	500 미만	30
500 이상	~	1,000 미만	36
1,000 이상	~	5,000 미만	50
5,000 이상	~		60

* 대상폐기물의 대표성을 위해 채취한 표 5.1의 시료를 전부 모아 1개의 대시료로 하여 시료의 분할 채취 방법에 따라 하나의 분석용 시료로 만든다.

폐기물이 적재되어 있는 운반차량에서 현장 시료를 채취할 경우에는 표 5.1에 관계없이 적재 폐기물의 성상이 균일하다고 판단되는 깊이에서 현장 시료를 채취한다. 5톤 미만의 차량에 폐기물이 적재되어 있는 경우에는 적재 폐기물을 평면상에서 6등분한 후 각 등분마다 현장 시료를 채취한다. 반면, 5톤 이상의 차량에 폐기물이 적재되어 있는 경우에는 적재 폐기물을 평면상에서 9등분한 후 각 등분마다 현장 시료를 채취한다.

4 시료의 전처리

분석용 또는 수분 측정용 시료의 양이 많을 경우(이를 "대시료"라 한다)에는실험에 들어가기 전에 시료의 조성을 균일화하기 위하여 시료의 분할 채취 방법에 따라 균일화 한다.

소각 잔재, 슬러지 또는 입자상 물질은 그대로 작은 돌멩이 등의 이물질을 제거하고, 이외의 폐기물 중 입경이 5 mm 미만인 것은 그대로, 입경이 5 mm 이상인 것은 분쇄하여 체로 거른 후 입경이 0.5~5 mm로 한다.

5 시료의 분할채취

대시료를 균일하게 혼합 또는 혼화하여 측정에 필요한 적당량을 취하고 그림 5.1~그림 5.3의 시료의 분할 채취 방법 중 하나의 방법으로 균일화 한다.

① 구획법

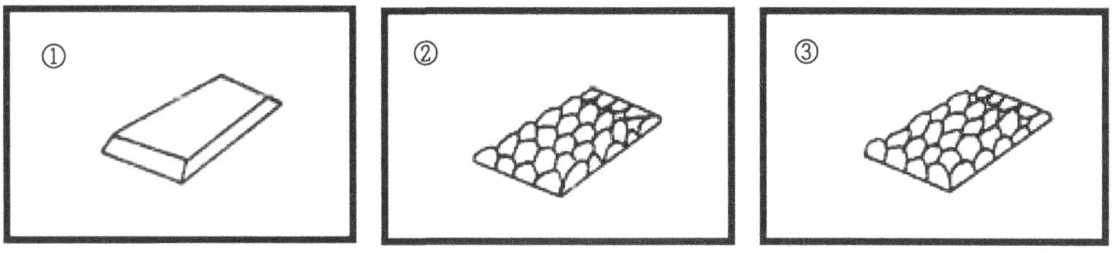

[그림 5.1] 구획법.

- 모아진 대시료를 네모꼴로 엷게 균일한 두께로 편다.
- 이것을 가로 4등분 세로 5등분하여 20개의 덩어리로 나눈다.
- 20개의 각 부분에서 균등한 양을 취한 후 혼합하여 하나의 시료로 만든다.

② 교호삽법

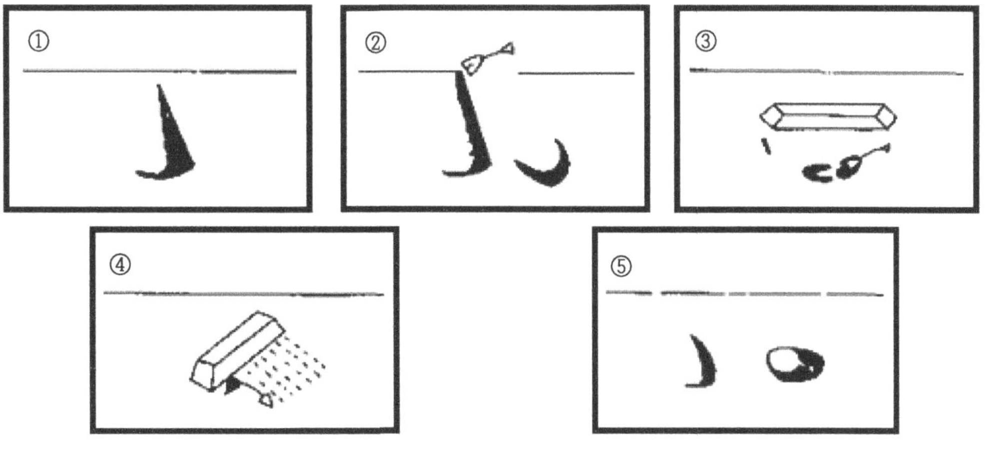

[그림 5.2] 교호삽법.

- 분쇄한 대시료를 단단하고 깨끗한 평면 위에 원추형으로 쌓는다.
- 원추를 장소를 바꾸어 다시 쌓는다.
- 원추에서 일정한 양을 취하여 장방형으로 도포하고 계속해서 일정한 양을 취하여 그 위에 입체로 쌓는다.
- 육면체의 측면을 교대로 돌면서 각각 균등한 양을 취하여 두 개의 원추를 쌓는다.
- 하나의 원추는 버리고 나머지 원추를 앞의 조작을 반복하면서 적당한 크기까지 줄인다.

③ 원추 4분법

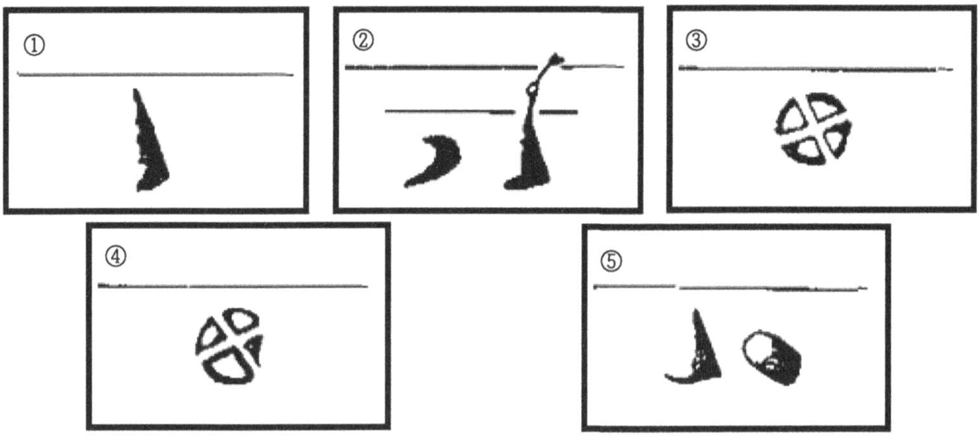

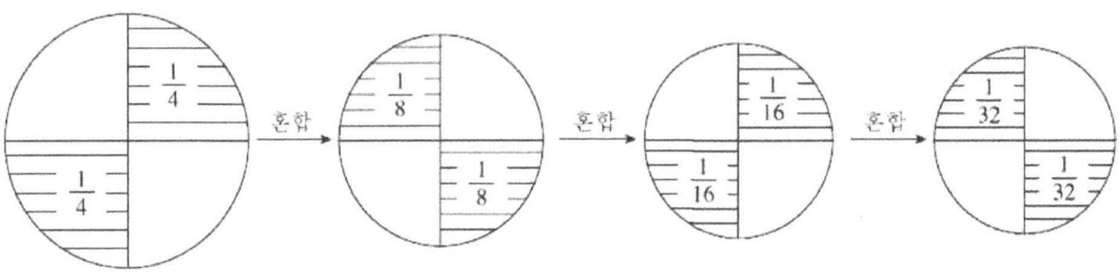

- 분쇄한 대시료를 단단하고 깨끗한 평면 위에 원추형으로 쌓아 올린다.
- 앞의 원추를 장소를 바꾸어 다시 쌓는다.
- 원추의 꼭지를 수직으로 눌러서 평평하게 만들고 이것을 부채꼴로 사등분한다.
- 마주 보는 두 부분을 취하고 반은 버린다.
- 반으로 줄어든 시료를 앞의 조작을 반복하여 적당한 크기까지 줄인다.

5.2 시험방법

1 함량 시험방법

각 항목별 시험기준의 전처리에서 "액상 폐기물 시료 또는 용출 용액 적당량"을 "폐기물 시료 적당량"으로 하여 실험한다.

폐기물 시료가 고상이거나 반고상인 경우에는 6가크롬 실험을 적용할 수 없다.

2 용출 시험방법

① 시료 용액의 조제

시료의 조제 방법에 따라 조제한 시료 100 g 이상을 정확히 달아 정제수에 염산을 넣어 pH를 5.8~6.3으로 맞춘 용매(mL)를 시료 : 용매 = 1 : 10 (W : V)의 비로 2,000 mL 삼각 플라스크에 넣어 혼합한다.

② 용출 조작

시료 용액의 조제가 끝난 혼합액을 상온, 상압에서 진탕 횟수가 매분 당 약 200회, 진폭이 4~5 cm인 진탕기를 사용하여 6시간 동안 연속 진탕한 다음 1.0 μm의 유리 섬유 여과지로 여과하고 여과액을 적당량 취하여 용출 실험용 시료 용액으로 한다. 다만, 여과가 어려운 경우에는 원심분리기를 사용하여 매 분당 3,000회전 이상으로 20분 이상 원심분리한 다음 상등액(supernatant liquid)을 적당량 취하여 용출 실험용 시료 용액으로 한다.

③ 실험결과의 보정

항목별 시험기준 중 각 항의 규정에 따라 실험한 용출 실험의 결과는 시료 중의 수분 함량 보정을 위해 함수율 85% 이상인 시료에 한하여 "15/{100-시료의 함수율(%)}"을 곱하여 계산한 값으로 한다.

3 산 분해법

① 질산 분해법

이 방법은 유기물 함량이 낮은 시료에 적용하며 질산에 의한 유기물 분해 방법이다.

액상 폐기물 시료 또는 용출 용액의 적당한 부피를 취하여 킬달 플라스크에 넣고, 진한 질산 5 mL와 끓임쪽(boiling chip) 4~5개를 넣은 다음 서서히 가열하여 액체의 부피가 약 5~10 mL가 될 때까지 증발·농축한 후 공기 중에서 식힌다.

이때 유기물의 분해가 완전히 끝나지 않아 혼합액이 맑지 않을 때에는 다시 진한 질산 5 mL를 넣고 가열을 반복한다. 필요하면 여과하여 여과지를 정제수로 2회~3회 씻어주고, 여과액과 씻은 액을 합하여 정확히 100 mL로 맞춘다. 이 용액의 산 농도는 약 0.7 M이다.

② 질산-염산 분해법

이 방법은 유기물 함량이 비교적 높지 않고 금속의 수산화물, 산화물, 인산염 및 황화물을 함유하고 있는 시료에 적용하며 질산-염산에 의한 유기물 분해 방법이다.

액상 폐기물 시료 또는 용출 용액의 적당한 부피를 취하여 킬달 플라스크에 넣고, 여기에 진한 질산 3 mL와 끓임쪽(boiling chip) 4~5개를 넣은 다음 서서히 가열하여 액체의 부피가 약 5 mL가 될 때까지 증발·농축한 후 공기 중에서 식힌다. 다시 진한 질산 5 mL를 넣고 서서히 가열하여 액이 거의 건고되는 부근까지 증발·농축한 후 공기 중에서 식힌다.

여기에 염산(1+1) 10 mL와 정제수 15 mL를 넣고 약 15분 동안 가열하여 잔류물을 녹인다. 이때 유기물의 분해가 완전히 끝나지 않아 혼합액이 맑지 않을 경우에는 다시 진한 질산 5 mL를 넣고 가열을 반복한 후 킬달 플라스크의 기벽을 정제수로 씻어서 합한다. 필요하면 여과하고 여과지를 정제수로 2~3회 씻은 다음, 여과액과 씻은 액을 합하여 정확히 100 mL로 한다. 이 용액의 산 농도는 약 0.5 M이다.

③ 질산-황산 분해법

이 방법은 유기물 등을 많이 함유하고 있는 대부분의 시료에 적용하며 질산-황산에 의한 유기물 분해 방법이다. 그러나 칼슘, 바륨, 납 등을 다량 함유한 시료는 난용성의 황산염을 생성하여 다른 금속 성분을 흡착하므로 주의하여야 한다.

액상 폐기물 시료 또는 용출 용액의 적당한 부피를 취하여 킬달 플라스크에 넣고, 여기에 진한 질산 5 mL와 끓임쪽(boiling chip) 4~5개를 넣은 다음 서서히 가열하여 액체의 부피가 약 15 mL가 될 때까지 증발·농축한 후 공기 중에서 식힌다. 다시 진한 질산 5 mL와 황산 5~10 mL를 넣고 가열을 계속하여 백색의 황산 가스가 발생하기 시작하면 가열을 중지한다. 이때 유기물의 분해가 완전히 끝나지 않아 혼합액이 맑지 않을 경우에는 다시 진한 질산 5 mL를 넣고 가열을 반복한다.

분해가 끝나면 공기 중에서 식히고 정제수 50 mL를 넣어 끓기 직전까지 서서히 가열하여 침전된 용해성 염들을 녹인다. 공기 중에서 식힌 후 필요하면 여과하고, 여과지를 정제수로 2~3회 씻어준 다음 여과액과 씻은 액을 합하여 정확히 100 mL로 만든다. 이 용액의 산 농도는 약 1.5~3.0 N이다.

④ 질산-과염소산 분해법

이 방법은 유기물을 높은 비율로 함유하고 있으면서 산화 분해가 어려운 시료들에 적용하며 질산-과염소산에 의한 유기물 분해 방법이다.

액상 폐기물 시료 또는 용출 용액의 적당한 부피를 취하여 킬달 플라스크에 넣고, 여기에 진한 질산 5 mL와 끓임쪽 4~5개를 넣은 다음 서서히 가열하여 액체의 부피가 약 5~10 mL가 될 때까지 증발·농축한 후 공기 중에서 식힌다. 진한 질산 5 mL와 과염소산 10 mL를 넣고 다시 가열한 후 과염소산이 분해되어 백연이 발생하기 시작하면 가열을 중지한다. 이때 유기물의 분해가 완전히 끝나지 않아 혼합액이 맑지 않을 때에는 다시 진한 질산 5 mL를 넣고 가열을 반복한다.

분해가 끝나면 공기 중에서 식히고 정제수 50 mL를 넣어 서서히 끓이면서 질소산화물 및 유리염소를 완전히 제거한다. 필요하면 여과하고, 여과지를 정제수로 2~3회 씻어준 다음 여과액과 씻은 액을 합하여 정확히 100 mL로 만든다. 이 용액의 산 농도는 약 0.8 M이다.

과염소산을 넣을 경우 진한 질산이 공존하지 않으면 폭발할 위험이 있으므로 반드시 진한 질산을 먼저 넣어주어야 하며, 어떠한 경우에도 유기물을 함유한 뜨거운 용액에 과염소산을 넣어서는 안 된다.

납을 측정할 경우, 시료 중에 황산이온(SO_4^{2-})이 높은 농도로 존재하면 불용성의 황산납이 생성되기 때문에 측정치에 손실을 가져온다. 이때에는 분해가 끝난 용액에 물 대신 아세트산암모늄 용액(5+6) 50 mL를 넣고 가열하여 용액이 끓기 시작하면 킬달 플라스크를 회전시켜 내벽을 용액으로 충분히 씻어준 다음, 약 5분 동안 가열하고 공기 중에서 식혀 여과한다.

⑤ 질산-과염소산-불화수소산 분해법

이 방법은 점토질 또는 규산염이 높은 비율로 함유된 시료에 적용하며 질산-과염소산-불화수소산으로 유기물을 분해하는 방법이다.

액상 폐기물 시료 또는 용출 용액의 적당량을 취하여 킬달 플라스크에 넣고, 여기에 끓임쪽 4~5개를 넣은 다음 서서히 가열하여 액체의 부피가 약 15 mL가 될 때까지 증발·농축한 후 공기 중에서 식힌다.

비커에 있는 액을 테프론 비커 또는 백금 도가니에 옮기고, 킬달 플라스크의 기벽에 붙어 있는 부착물을 정제수로 깨끗이 씻어 합한 다음, 진한 질산 10 mL를 넣어 거의 용액이 건고할 때까지 가열하고 공기 중에서 식힌다.

과염소산 5 mL와 불화수소산 1 mL를 넣고 가열을 계속하여 과염소산의 백연이 발생하면 가열을 중지하고 공기 중에서 식힌다. 여기에 정제수 50 mL를 넣고, 이하 "질산-과염소산에 의한 분해법"에 따라 실험한다. 이 용액의 산 농도는 약 0.8 M이다.

⑥ 회화법

이 시험기준은 목적 성분이 400℃ 이상에서 휘산되지 않고 쉽게 회화될 수 있는 시료에 적용하며 회화에 의한 유기물분해 방법이다. 시료 중에 염화암모늄, 염화마그네슘, 염화칼슘 등이 높은 비율로 함유된 경우에는 납, 철, 주석, 아연, 안티몬 등이 휘산되어 손실이 발생하므로 주의하여야 한다.

액상 폐기물 시료 또는 용출 용액의 적당량을 취하여 백금, 실리카 또는 자제증발접시(porcelain evaporating dish)에 넣고 수욕조 또는 가열판에서 가열하여 증발시켜 건고한다. 용기를 회화로에 옮기고 400~500℃에서 가열하여 잔류물을 회화시킨 다음 공기 중에서 식힌다.

잔류물에 염산(1+1) 10 mL를 넣어 가열판에서 가열한다. 잔류물이 녹으면 온수 20 mL를 넣고 여과한 후 여과지를 온수로 2~3회 씻어준 다음, 여과액과 씻은 액을 합하고 정제수를 넣어 정확히 100 mL로 만든다. 이 용액의 산 농도는 약 0.5 M이다.

⑦ 마이크로파 산 분해법

시료(고체 0.25 g 이하 또는 용출액 50 mL 이하)를 정확하게 취하여 용기에 넣고 여기에 질산 10~20 mL를 넣는다. 이때 격렬한 반응이 일어나면 반응이 완결될 때까지 뚜껑을 연 채로 방치한다. 밀폐 용기의 뚜껑을 닫고 용기내의 최고압력이 약 120~200 psi로 되고, 마이크로파 전력을 다음(밀폐 용기 1~3개 300 W, 4~6개 600 W, 7개 이상 1200 W)과 같이 조정하되, 가열 온도와 시간을 설정하고 온도 센서를 연결하여 실시간으로 확인할 수 있도록 한다.

분해가 끝난 후 충분히 용기를 냉각시키고 용기 내에 남아 있는 질산 가스를 제거한다. 필요하면 여과하고 거름종이를 정제수로 2~3회 씻은 다음 여과액과 씻은 액을 합하여 일정 부피로 묽힌다.

마이크로파 분해 장치를 통풍실 안에 직접 설치하면 산 가스에 의해 주변 및 실내의 장치가 부식될 수 있으므로 배기가스가 직접 외부로 배출될 수 있도록 장치하여야 한다. 또한 제작사가 제공하는 안전 수칙을 반드시 따라야 한다.

5.3 폐기물 물질분석 흐름도

채취한 폐기물 시료에 대한 분석절차는 그림 5.4에 따라 진행된다. 폐기물 성상의 분석은 크게 물리적 성상과 화학적 성상으로 구분된다.

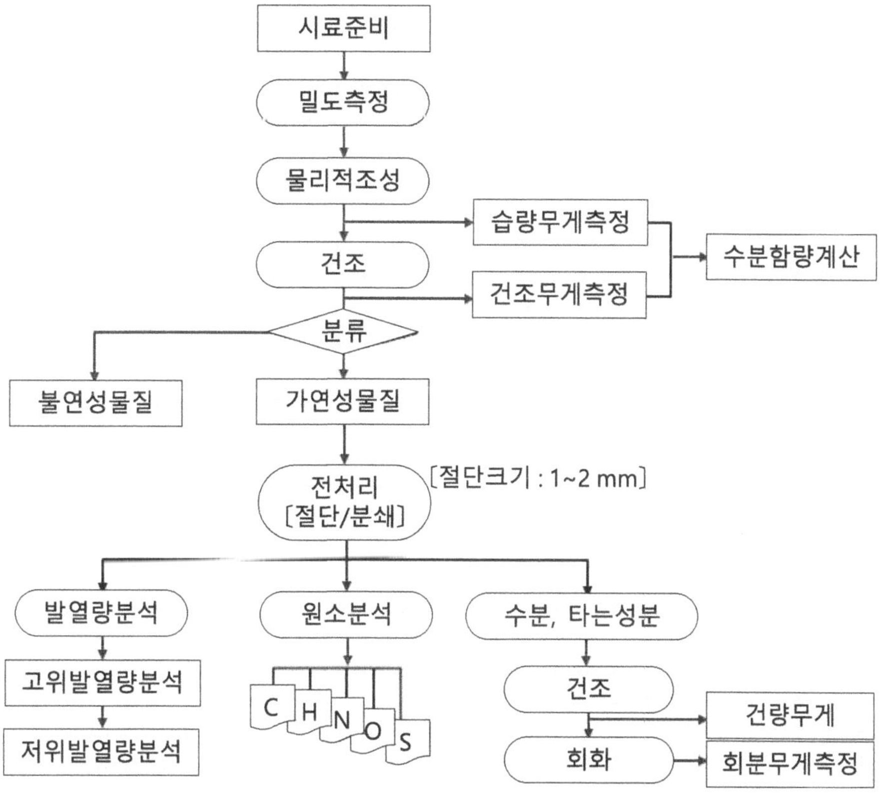

[그림 5.4] 폐기물 성상분석 절차도.

폐기물의 물리적 성상은 가연성과 비가연성 물질의 구분뿐만 아니라, 가연성 물질의 종류 및 발열량 계산 등의 폐기물 특성을 추정할 수 있는 가장 중요한 자료로서 폐기물의 자원 및 에너지 회수와 처리계통에 절대적으로 요구되는 자료이다.

폐기물의 구성성분은 장소, 계절, 생활 수준, 생활습성, 기후 등 여러 요인에 따라 변하므로, 실제 구성분포를 평가하기 위해서는 특별한 연구가 실시되어야 한다. 폐기물의 구성성분은 혼합된 도시폐기물과 같이 서로 다른 물질로 구성되어 있으며 그 구성성분의 파악은 쉽게 이루어지지 않는다. 따라서 시료를 선택할 경우 계절 등을 고려하여야 하며, 많은 수의 시료를 분석하는 것이 바람직하다.

폐기물 종량제 봉투를 중심으로 조사하는 경우 연탄재는 별도로 배출되므로 고려할 필요가 없다. 음식물류 폐기물이 들어있는 비닐봉투는 파봉할 경우 다른 성분의 수선별도 방해할 수 있으므로 별도로 분리하여 무게를 측정한 후 각 축분단계별의 축분비율에 맞추어 무게를 할당하는 것이 바람직하다.

분별하는 과정에서 실제로는 부엌쓰레기, 종이류, 비닐, 플라스틱류에 신경을 써서 분별하여야 한다.

1 겉보기 밀도(단위용적당 중량)

① 의의

겉보기 밀도란 단위용적당 중량을 말하는 것으로, 폐기물의 겉보기 밀도는 폐기물 관리체계에 있어서 수거 및 운반에 많은 영향을 미치는 중요한 물리적 성질로서 폐기물의 조성, 수분함량, 각 성분의 크기에 따라 다르며, 또한 발생원과 계절에 따라 크게 변화한다.

② 측정방법

분석대상 폐기물 시료를 미리 부피를 알고 있는 용기에 시료를 넣고 30cm 높이의 위치에서 3회 낙하시키고 눈금이 감소하면 감소된 분량만큼 시료를 추가하며, 이 작업을 눈금이 감소하지 않을 때가지 반복한다. 겉보기 밀도는 다음의 식으로 산출된다.

$$\text{겉보기 밀도}(kg/m^3 \text{ 또는 } ton/m^3) = \frac{\text{시료의 중량}(kg \text{ 또는 } ton)}{\text{용기의 부피}(m^3)}$$

2 물리적 조성분석

축분시료(4분법에 의한 시료) 전량을 비닐시트 위에서 다음의 10종류의 조성으로 수선별(hand sorting)하고 각 조성별로 무게를 측정하여 습량기준으로 중량비(W_{wi})를 구한다.

① 음식물류 폐기물 ② 종이류 ③ 비닐, 플라스틱류 ④ 섬유류
⑤ 목재류 ⑥ 고무, 가죽류 ⑦ 유리, 도자기류 ⑧ 금속류
⑨ 연탄재 ⑩ 기타

습량기준의 중량비를 구할 때에는 쓰레기 중에 함유되어 있는 수분이 발산되어 소실되지 않도록 하여야 하며, 가급적으로 분별한 즉시 무게를 측정하는 것이 바람직하다.

$$\sum_{i=1}^{10} W_{wi} = 100\ \%$$

수분량을 제외시킨 건량기준 중량비는 다음 식으로 산출한다.

$$W_{di} = \frac{W_{wi} \times (100 - W_i)}{\Sigma W_{wi} \times (100 - W_i)} \times 100$$

여기서, W_{di} : 조성 i 의 건량기준 중량비(%)

W_{wi} : 조성 i 의 습량기준 중량비(%)

W_i : 조성 i 의 수분함량(%)

[그림 5.5] 폐기물의 물리적 조성 분류.

5.4 삼성분 분석

삼성분이란 폐기물 중의 수분, 가연분, 회분을 말하는 것으로, 대상 폐기물이 어느 정도 연소되며, 후에 어느 정도 회분이 남는지를 개략적으로 알 수 있는 기본적인 수치이다. 이들은 다음과 같은 방법으로 구할 수 있다.

1 분석기기 및 기구

① 칭량병(증발접시)

- 칭량병(증발접시)은 백금제, 석영제 또는 사기제 도가니 또는 접시로 가급적 무게가 적은 것을 사용한다.

② 저울

- 시료 용기와 시료의 무게를 잴 수 있는 것으로 0.1 mg까지 측정할 수 있는 것을 사용한다.

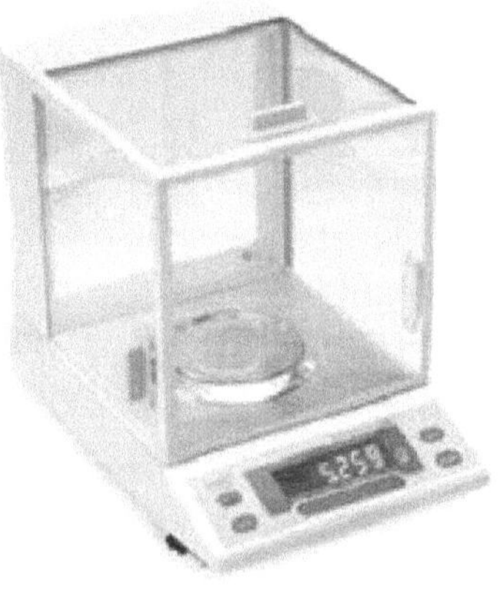

③ 데시케이터

- 실리카겔과 염화칼슘이 담겨 있는 데시케이터를 사용한다.

④ 건조기

- 폐기물에 포함되어 있는 수분의 영향을 검토하기 위하여 열풍건조기를 사용한다.

⑤ 전기로

- 내부에 단열재가 내장되어 가열부분은 단열층을 주고 외부의 공기순환 공기층을 주어 몸체 외부에 온도를 낮게 유지한다.

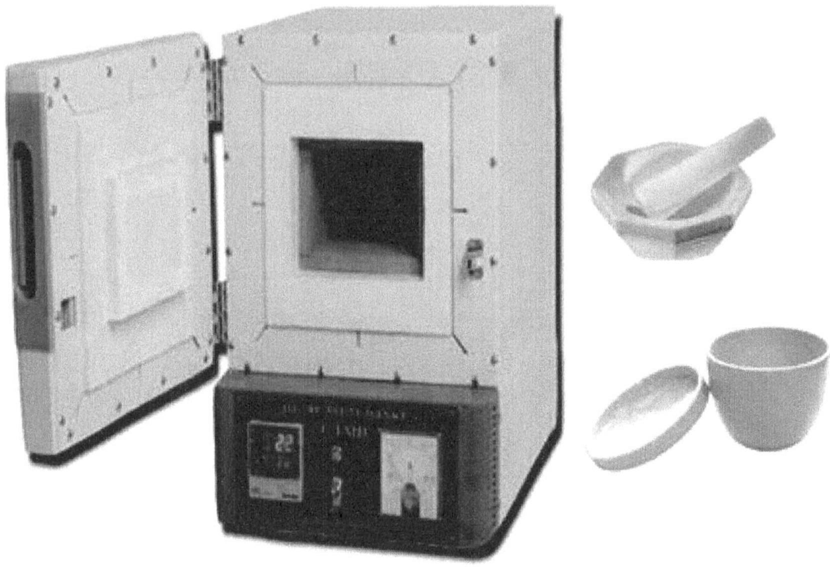

2 수분 함량 분석

- 평량병 또는 증발접시를 미리 105~110℃에서 1시간 건조시킨 다음 데시케이터 안에서 방냉하고 항량으로 무게를 정밀히 달고(W_1) 여기에 시료 적당량을 취하여 평량병 또는 증발접시와 시료의 무게(W_2)를 정밀히 단다. 이때 평량병 또는 증발접시는 시료의 두께를 10 mm이하로 넓게 펼 수 있는 정도로 하부 면적이 넓은 것을 사용하며 가급적 무게가 작은 것을 사용한다.
- 다음에 수욕상(물중탕)에서 수분을 거의 날려 보내고 105~110℃의 건조기 안에서 4시간 완전 건조시킨다.
- 실리카겔(또는 황산)이 담겨있는 데시케이터 안에 넣어 방냉하고 항량으로 하여 무게(W_3)를 정밀히 측정하며, 각 시료의 수분함량(W_i) 은 다음 식에 의하여 산출된다.

$$W_i(\%) = \frac{\text{건조 전 } i \text{ 시료의 중량}(W_2,\ kg) - \text{건조 후 } i \text{ 시료의 중량}(W_3,\ kg)}{\text{건조 전 } i \text{ 시료의 중량}(W_2 - W_1,\ kg)} \times 100$$

전체 폐기물의 수분함량은 결과적으로 다음 식으로 산출된다.

$$W(\%) = \frac{\text{전체 수분중량}}{\text{전체 습윤중량}} \times 100 = \frac{\Sigma(W_{wi} \times W_i)}{\Sigma W_{wi}}$$

3 회분 함량 분석(강열감량)

폐기물의 무기물 성분을 나타내는 회분(灰, ash)의 함량을 측정하기 위한 시료는 다음 절차에 따라 준비한다.

- 백금제, 석영제 또는 사기제 도가니 또는 접시를 미리 600 ± 25℃에서 30분간 강려하고 데시케이터 안에서 방냉한 다음 그 무게(A_1)를 정확히 단다.
- 건조된 각 조성별 시료를 2 mm 이하로 잘게 파쇄한 후, 시료 적당량(20 g 이상)을 도가니 또는 접시에 취하여 무게(A_2)를 정확히 단다.
- 여기에 질산암모늄 용액(25%)을 넣어 시료에 적시고 천천히 가열하여 탄화시킨 다음 600 ± 25℃의 전기로 안에서 3시간 동안 강열한다.
- 태운 시료를 실리카겔(또는 황산)이 담겨있는 데시케이터 안에 넣어 방냉하여 그 무게(A_3)를 정밀히 단다.
- 각 구성성분 i 의 회분함량(A_i)은 다음 식으로 산출한다.

$$A_i(\%) = \frac{\text{태운 후 시료의 중량}(A_3 - A_1,\ kg)}{\text{태우기 전 시료의 중량}(A_2 - A_1,\ kg)} \times 100$$

- 건조 폐기물 중의 총회분량(A_d)은 다음 식으로 산출한다.

$$A_d(\%) = \frac{\text{전 회분의 중량}(kg)}{\text{총 건조시료의 중량}(kg)} \times 100 = \frac{\Sigma(W_{di} \times A_i)}{\Sigma W_{di}}$$

- 습량기준 총회분함량은 다음 식으로 산출한다.

$$A(\%) = A_d \times \left(1 - \frac{W}{100}\right)$$

4 가연분 함량 분석

가연분은 전체 습윤폐기물 중에서 회분과 수분을 제외한 성분을 말하며, 습량기준의 가연분 함량은 다음과 같이 구할 수 있다.

$$\text{가연분}(V, \%) = 100 - \text{수분}(W, \%) - \text{회분}(A, \%)$$

[표 5.2] 생활폐기물 삼성분 연평균

종류			음식물류	종이류	플라스틱류	목재류	섬유류	가죽류	고무류	유리류	자기류	철금속	비철류	회분류
주택	단독주택	수분	57.44	19.89	6.96	22.83	9.46	3.06	3.89	0.11	0.05	1.53	0.86	15.7
		가연분	36.39	64.6	85.85	68.76	79.56	81.98	85.82	0.17	1.06	2.38	4.74	27.32
		회분	6.17	15.51	7.1	8.41	10.98	14.96	10.29	99.72	98.89	96.1	94.4	56.97
	아파트	수분	53.84	15.99	5.8	14.18	8.01	12	1	0.12	0.36	1.27	0.23	35.1
		가연분	37.92	67.63	85.65	74.32	81.15	70.76	77.18	12.53	0.21	3.77	4.71	35.03
		회분	8.24	16.38	8.56	11.5	10.84	17.25	21.82	87.35	99.43	94.96	95.06	29.87
	연립주택	수분	60.6	19.71	9.46	6.63	11.48	0	3.34	0	0	5.57	0	0
		가연분	33.8	66.78	80.72	84.56	77.57	0	80.58	0.09	0	17.66	0	0
		회분	5.61	13.51	9.82	8.81	10.95	0	16.08	99.91	0	76.77	0	0
	다세대	수분	69.75	16.33	7.65	9.64	8.81	0	0	0.46	0.01	1	2.14	0
		가연분	21.78	63.87	84.71	77.2	80.49	0	0	0.15	0.01	5.25	2.2	0
		회분	8.47	19.8	7.64	13.16	10.70	0	0	99.39	99.98	93.75	95.65	0
사업장	공장	수분	54.87	13.45	6.35	20	4.75	0	1.84	0.13	1.11	0.04	0.9	28.38
		가연분	37.63	71.56	81.88	73.03	83.2	0	59.22	0.45	0.8	0.42	0.95	28.62
		회분	7.5	14.99	11.77	6.98	12.05	0	38.94	99.42	98.09	99.54	98.15	43.00
	시장상가	수분	70.45	14.77	3.62	13.8	4.04	0	0.48	1.73	0.02	0.65	0.9	22.84
		가연분	23.95	66.72	90.61	74.96	73.76	0	71.19	17.39	0.01	1.84	7.32	19.29
		회분	5.60	18.51	5.77	11.24	22.2	0	28.33	80.88	99.97	97.51	91.78	57.87
	교육기관	수분	64.84	11.77	2.42	14.61	8.52	0.2	0.74	0.12	0.03	0.64	2.04	23.72
		가연분	31.57	69.32	92.53	71.78	81.76	84.67	60.05	0.15	0.27	0.58	7.14	10.47
		회분	3.59	18.91	5.05	13.61	9.72	15.14	39.21	99.73	99.7	98.78	90.82	65.81
	사무실	수분	66.46	15.65	2.73	11.96	3.05	0	0.86	0.19	0	2.56	2.4	10.65
		가연분	28.3	68.94	89.64	79.38	83.26	0	96.12	0.18	0	4.86	2.07	11.57
		회분	5.24	15.41	7.63	8.66	13.69	0	3.02	99.63	0	92.58	95.53	77.78
	음식점	수분	61.32	26.39	12.83	21.8	18.95	0	2.19	0.06	0.04	2.03	4.12	11.35
		가연분	28.38	57.83	80.85	70.32	71.45	0	91	0.13	0.2	3.44	5.39	31.39
		회분	10.3	15.78	6.32	7.88	9.60	0	5.82	99.81	99.76	94.53	90.49	57.26
	숙박업	수분	90.23	23.28	1.61	5.67	3.6	0	0	0.03	0	0	0.39	0
		가연분	8.41	63.86	94.45	89.85	82.43	0	0	0.03	0	0	2.86	0
		회분	1.36	12.86	3.94	4.48	13.98	0	0	99.94	0	0	96.75	0

(자료 : 생활폐기물 삼성분 분석 연평균, 통계청, 2011)

5.5 원소분석

폐기물의 원소분석은 발열량 측정, 소요 공기량과 연소가스량의 산정 등의 목적에 사용되며, 매립 등에 의해 분해가 진행된 폐기물에 있어서 안정화 정도를 평가하는 목적으로 사용되기도 한다.

폐기물 중 타는 성분의 화학적 성분분석 항목은 대개 탄소(C), 수소(H), 질소(N), 산소(O), 및 황(S)을 자동원소분석기로 분석한다. 자동원소분석기는 유기화합물의 주성분인 C, H, N, O, S를 정성, 정량 분석함으로써 미지 시료의 조성 성분비를 구할 수 있다.

사용되는 시료의 양이 1 g이하의 소량이므로 성상이 다양한 폐기물의 경우 충분히 절단, 파쇄하여 혼합한 후 균질한 시료를 얻을 수 있도록 하여야 한다.

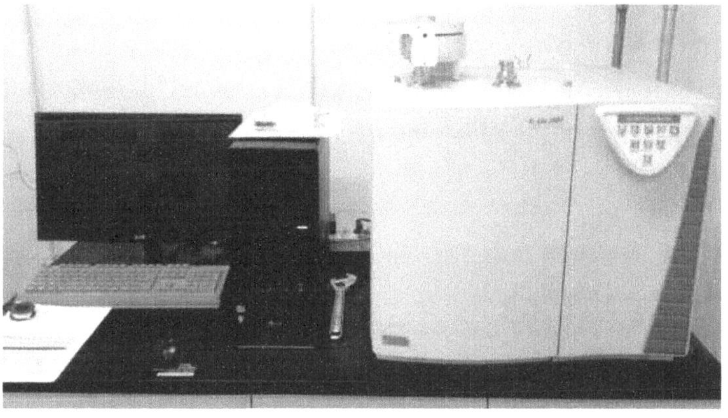

<Thermo Scientific Flash>

[그림 5.6] 원소분석기(Elemental Aanlyzer).

정확한 양의 시료를 O_2공존 하에서 연소시켜 구성원소(C, H, N, S, O)를 이온화한 후 산화반응기에서 H_2O, CO, CO_2, N_2, SO_2, SO_3로 산화시킨 후 이를 다시 환원반응기에서 NO, NO_2는 N_2로 SO_3는 SO_2로 환원시킨다. 단, O의 측정은 산소가 없는 상태에서 열분해(Pyrolysis)과정을 거친 후 최종적으로 생성된 CO의 양을 측정한다. 이때 CO 이외의 기타의 생성기체는 흡착기로 분리한다.

위와 같은 과정에서 최종적으로 생성된 기체를 운반기체(He)하에서 GC column으로 각각 분리하여 열전도도차에 의한 검출기(TCD)에서 감지하게 된다.

CHNS method의 경우는 산화반응을 이용하기 때문에 Oxygen이 있는 화합물은 사용할 수 없다. Oxygen이 있는 화합물의 경우는 열분해법으로 진행해야 되기 때문에 CHNS method가 아닌 Oxygen 분석법으로 따로 분석을 해야 한다.

1 C/H/N/S 원소분석

He 운반가스가 샘플의 사이즈와 구성성분에 따라 operator에 의해 결정되는 산소로 바뀐다. 샘플은 산소에 도착하기 전에 연속적으로 한 방울씩 연소 반응기로 떨어진다. 샘플과 주석(Tin) 캡슐은 산소와 반응하고 1700~1800℃에서 연소되며, 샘플은 N_2, CO_2, H_2O, SO_2로 화학 변화를 일으킨다. 고효율의 Copper wire는 샘플 연소에 사용되지 않는 과잉의 산소를 흡착한다.

이 Gas는 ±0.1℃를 유지하는 GC(Gas Chromatography)를 통과한다. Gas는 분리되고 고감도의 TCD에 의해 검출된다. 검출은 샘플에 존재하는 원소의 양에 비례하여 Signal로 나타난다. TCD 검출기는 GC application에 사용되는 detector보다 base line의 안전성에서 몇 백배 좋은 감도를 보이는 원소 분석에 적당하다. Reference gas는 필요 없고, Calibration도 필요 없다.

소프트웨어는 calibration 후에 알려진 standard material에 비교해서 각 원소의 질량에 기초하여 peak를 분석하게 된다. MS(질량 분석)에 비례한 Continuous Flow Isotope에서, 분리된 gas들은 MS의 interface와 MS source로 옮겨진다.

2 O 분석

He 운반가스는 1080℃로 열을 내는 nickelized carbon wool 촉매로 채워져 있는 열분해 reactor인 analytical circuit을 통해 계산된다. Analytical circuit은 열분해에 형성된 acidic gas를 잡는 trap, gas 혼합물을 분리할 GC column, 고감도의 TCD로 구성되어 있다.

샘플은 자동적으로 열분해 reactor로 떨어지며, 방출된 산소는 nickel carbon wool과 반응하여 CO($2C + O_2 = 2CO$)와 N_2를 생성한다. 생성된 CO와 N_2 gas 혼합물은 ±0.1℃를 유지하는 GC(Gas Chromatography) column을 통과하면서, 가스는 분리되고 TCD detector를 통해 CO peak가 검출된다. TCD는 샘플에 포함된 CO양에 비례하여 나타낸다.

소프트웨어는 calibration 후에 알려진 표준물질과 비교하여 CO peak를 나타내며, 질량에 기초한 산소 농도에 대한 출력물을 산출한다.

MS(질량 분석)에 비례한 Continuous Flow Isotope에서, 분리된 gas들은 MS의 interface와 MS source로 옮겨진다. 열분해 동안 1750℃의 Furnace가 공급된다.

5.6 발열량 분석

발열량은 소각로를 설계할 때 가장 기본이 되는 폐기물의 질적 특성으로서 발열량의 단위로는 한국은 kcal/kg(혹은 kJ/kg, 1 kcal = 4.184 kJ)을 사용하고, 미국에서는 BTU/lb를 사용하고 있다.

1 kcal는 표준 대기압에서 물 1 kg을 1℃ 올리는데 필요한 열량을 말하며, 1 BTU(British Thermal Unit)는 60 ℉(20℃)에서 물 1 lb(pound)를 1 ℉ 상승시키는데 소요되는 열량을 말한다. 1 BTU는 25 cal에 해당한다.

발열량계에서 생성된 수증기는 용기가 물에 의해 냉각됨에 따라 물로 응축되며, 이때 증발잠열을 내놓게 되며 이 열이 수온의 상승에 기여한다. 하지만 실제 대형 연소로에서는 이러한 수증기의 냉각현상이 발생하지 않고, 뜨거운 배가스 형태로 수증기가 연소로를 빠져 나가게 된다. 따라서 실제 있어서는 발열량이 열량계에서 측정한 것보다 낮게 나타나게 되는데, 발열량계(Bomb calorimeter)에서 측정한 값을 고위발열량(Higher Heat Value, HHV)이라 하고, HHV에서 물의 증발잠열을 제외값을 저위발열량(Lower Heat Value, LHV)이라 한다. 설계목적에서는 LHV가 보다 실제 상황에 가깝다고 할 수 있다.

1 발열량계(Bomb calorimeter)

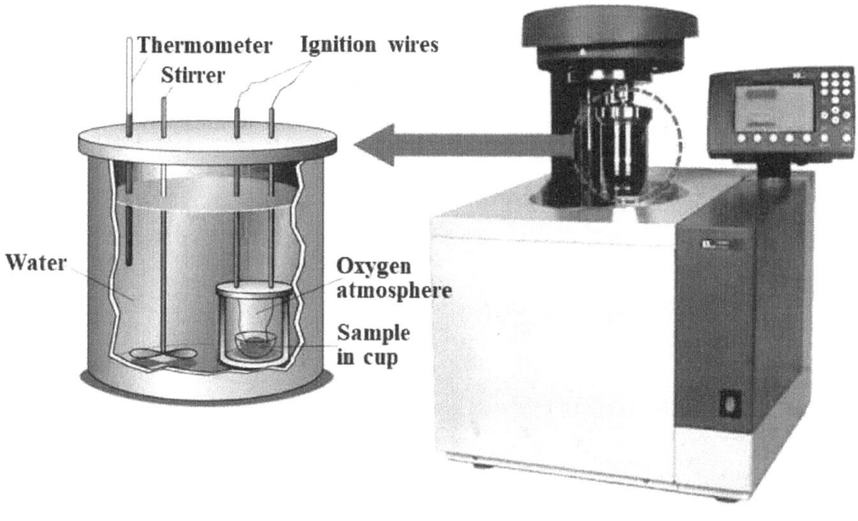

[그림 5.6] 단열발열량계(Bomb calorimeter)의 구조.

발열량계에서의 측정과정을 살펴보면 다음과 같다.

- 상하가 나사식으로 분리되게 만들어진 스테인리스강으로 제작된 용기에 무게를 알고 있는 시료를 넣고 연소시킨다.
- 고압의 산소를 용기 안에 분사시키면서 연결된 전선에 의한 spark로 시료를 연소시키며, 이때 발생한 열은 용기를 둘러싸고 있는 단열 수조로 전달되어 물의 수온을 높이게 된다.
- 시간에 따른 온도의 변화를 기록하면 열량계에서의 온도변화 곡선이 그려지며, 이로부터 발열량을 구할 수 있다.
- 발열량을 아는 물질을 이용하여 열량계 고유의 특성(heat capacity)을 계량화하는데 통상 benzoic acid(6318 cal/g)를 이용한다. 보다 정확한 계산을 위해서는 점화시 사용된 니켈 크롬 전선의 발열량(1643 cal/g)도 함께 고려한다.
- 따라서 발열량계의 heat capacity는 다음과 같이 나타낼 수 있다.

$$C_v = \frac{(6318\,M_b + 1643\,M_w)}{\Delta T}$$

여기서, C_v : 열량계의 heat capacity(cal/℃)

M_b : 사용한 benzoic acid 질량(g)

M_w : 사용한 점화전선의 질량(g)

ΔT : 온도 상승분(℃)

- 위에서 구한 열량계의 heat capacity를 이용하여 미지시료의 발열량은 다음과 같이 구할 수 있다.

$$U = \frac{C_v\,\Delta T}{M}$$

여기서, U : 미지시료의 발열량(cal/g)

ΔT : 열량 상승분(℃)

M : 사용한 미지시료의 양(g)

C_v : 열량계의 heat capacity(cal/℃)

폐기물 조성에서 대략 그 발열량을 추정할 수 있다. 고위발열량(H_h)과 저위발열량(H_l)과의 사이에는 다음의 관계가 있다.

$$H_l = H_h - 600 \times \frac{W}{100}$$

여기서, W : 폐기물 중 수분의 함량(%)

600 : 물의 증발잠열(600 kcal/kg)

또한, 연료 1kg 당 $(9H+W)$의 H_2O가 발생되므로, 상기 계산식은 다음과 같이 표현할 수 있다.

$$H_l = H_h - 600 \times (9H + W)$$

2 삼성분 조성에 의한 발열량 추정

폐기물 중의 삼성분 조성분석 결과를 이용하여 발열량을 계산하는 방법으로 다음 식을 사용한다.

$$H_l(kcal/kg) = 4{,}500 \times \frac{V}{100} - 600 \times \frac{W}{100}$$

여기서, V : 폐기물 중 가연성분의 함량(%)

W : 폐기물 중 수분의 함량(%)

3 물리적인 조성에 의한 방법

삼성분 조성에 의해서 발열량을 계산하는 방법은 가연성분의 열량을 4,500 kcal/kg으로 가정한 것으로 폐기물 중 가연성분을 구성하고 있는 물질에서 열량이 큰 물질인 플라스틱류의 함량이 많은 경우 계산값에 다소 오차가 발생한다. 특히 도시폐기물의 경우 플라스틱의 함량이 8~10%정도로 그 양이 증가하고 있으며, 종이의 함량도 많은 부분을 차지하고 있다. 따라서 삼성분에 의한 계산식을 보정한 것이 물리적인 조성에 의한 계산방법으로 다음 식들에 의해서 계산된다.

$$H_l(kcal/kg) = 4{,}500 \times \frac{V_1}{100} + 8{,}000 \times \frac{V_2}{100} - 600 \times \frac{W}{100}$$

여기서, V_1 : 플라스틱 이외의 가연분의 함량(%)

V_2 : 플라스틱의 함량(%)

W : 수분의 함량(%)

$$H_l(kcal/kg) = 8{,}820 \times \frac{R}{100} + 4{,}500 \times \frac{(G+P)}{100} - 600 \times \frac{W}{100}$$

여기서, R : 플라스틱의 함량(%)

G : 플라스틱과 종이를 제외한 폐기물 함량(%)

P : 종이 함량(%)

W : 수분의 함량(%)

4 원조조성에 의한 방법

폐기물의 연소과정에서 발열반응을 일으키는 원소는 탄소(C)와 수소(H), 황(S)이다. 이들 원소의 연소반응열은 다음에 나타낸 바와 같으며, 이들 원소의 조성을 이용하여 혼합물질의 발열량을 추정하는 방법이다.

탄소 : $C + O_2 = CO_2 + 8{,}100\,(kcal/kg)$

수소 : $H_2 + \frac{1}{2}O_2 = H_2O(Liquid) + 34{,}250\,(kcal/kg)$

$H_2 + \frac{1}{2}O_2 = H_2O\,(gas) + 28{,}800\,(kcal/kg)$

황 : $S + O_2 = SO_2 + 2500\,(kcal/kg)$

원소조성에 의한 발열량의 계산은 아래에 나타낸바와 같다. 범용적으로 가장 많이 사용하는 식은 Dulong식이고, Steuer식은 수분함량이 큰 슬러지에 잘 맞는 것으로 알려져 있다.

① 듀롱(Dulong)식

$$H_l(kcal/kg) = 8{,}100C + 34{,}000\left(H - \frac{O}{8}\right) + 2{,}500S - 600(9H + W)$$

② 스튜어(Steuer)식

$$H_l(kcal/kg) = 8{,}100\left(C - \frac{3}{8}O\right) + 34{,}500\left(H - \frac{O}{16}\right) + 2{,}500S + 5{,}700\left(\frac{3}{8}O\right) - 600(9H + W)$$

③ 쉴레-케스트너(Scheuer-Kester)식

$$H_l(kcal/kg) = 8{,}100\left(C - \frac{3}{4}O\right) + 34{,}250H + 2{,}250S + 5{,}700\left(\frac{3}{4}O\right) - 600(9H + W)$$

듀롱(Dulong) 식

완전연소를 가정하여 만들어진 식으로서 H분을 (H-O/8)로 한 것은, 산소 O분은 먼저 H_2O로서 연료 중의 화합수분이 되어 연소에 참여하지 않는 것으로 고려한 것.

스튜어(Steuer) 식

듀롱식에 비교하여 불완전연소를 가정한 것으로 O의 반은 H_2O의 형태로, 남은 반은 CO의 형태로 있은 경우

쉴레-케스트너(Scheuer-Kester) 식

실제 이러한 연소가 일어날 수 없으나, O의 모든 것이 CO의 형태로 있다고 가정한 경우

실험실습

- 실 험 1 : 폐기물 삼성분 측정
- 실 험 2 : 발열량 측정

실험 1 폐기물 삼성분 측정

1. 실험의 측정원리를 서술하시오.

2. 실험과정을 순서도로 작성하시오.

3. 실험결과를 정리하시오.

분 류	시료의 무게(mg)		
	건조 전	건조 후	무게 차
시료 1			
시료 2			
시료 3			
시료 평균값			

분 류	시료의 무게(mg)		
	소성 전	소성 후	무게 차
시료 1			
시료 2			
시료 3			
시료 평균값			

※ 소성 전 무게 = 건조 후 무게

소성 후 무게 = 회분함량(건조기준) → 습량기준으로 환산해야 함

분 류	삼성분(%)			
	수분	회분	가연분	합계
시료 1				
시료 2				
시료 3				
시료 평균값				

4. 결론 및 고찰

실험 2 발열량 측정

1. 실험의 측정원리를 서술하시오.

2. 시료의 원소분석 결과를 정리하시오.

<table>
<tr><th colspan="2">구 분</th><th>시료1</th><th>시료2</th><th>시료3</th></tr>
<tr><td rowspan="7">원소분석
(%)</td><td>C</td><td></td><td></td><td></td></tr>
<tr><td>H</td><td></td><td></td><td></td></tr>
<tr><td>O</td><td></td><td></td><td></td></tr>
<tr><td>N</td><td></td><td></td><td></td></tr>
<tr><td>S</td><td></td><td></td><td></td></tr>
<tr><td>기타</td><td></td><td></td><td></td></tr>
<tr><td>합 계</td><td></td><td></td><td></td></tr>
</table>

3. 발열량 측정결과를 정리하시오.

구 분	시료1	시료2	시료3
고위발열량 (kcal/kg)			

4. 삼성분 및 원소분석 결과를 정리하시오.

구 분		시료1	시료2	시료3
1. 삼성분 (%)	수분			
	회분			
	가연분			
	합 계			
2. 원소분석 (%)	C			
	H			
	O			
	N			
	S			
	기타			
	합 계			

5. 저위발열량을 측정하여 다음 표에 나타내시오.

구 분		시료1	시료2	시료3
저위발열량 (kcal/kg)	Bomb calorimeter			
	삼성분			
	원소분석 (듀롱)			
	원소분석 (스튜어)			

① Bomb calorimeter

$$H_l = H_h - 600 \times (9H + W)$$

② 삼성분

$$H_l(kcal/kg) = 4,500 \times \frac{V}{100} - 600 \times \frac{W}{100}$$

③ 듀롱(Dulong)식

$$H_l(kcal/kg) = 8,100C + 34,000\left(H - \frac{O}{8}\right) + 2,500S - 600(9H + W)$$

④ 스튜어(Steuer)식

$$H_l(kcal/kg) = 8,100\left(C - \frac{3}{8}O\right) + 34,500\left(H - \frac{O}{16}\right) + 2,500S + 5,700\left(\frac{3}{8}O\right) - 600(9H + W)$$

6. 결론 및 고찰

연습문제

1. 함수율 65%를 갖는 쓰레기 15 kg을 감용시키기 위하여 함수율을 30%로 유지하려면 얼마정도(kg)의 수분을 증발시켜야 하는가?(단, 쓰레기의 비중은 1.0)

2. 함수율이 25%인 폐기물의 고형물 중의 가연성 함량은 30%이다. 건조중량기준의 가연성물질 함량(%)은?

3. 일반폐기물 중 비가연성이 70%(중량비)일 때 폐기물 10 m^3의 가연성 물질의 양은? (단, 폐기물의 밀도는 100 kg/m^3)

4. 폐기물의 3성분이 다음과 같은 폐기물의 저위발열량(kcal/kg)은?

수분 : 60%, 가연분 : 30%, 불연분 : 10%

5. 폐기물의 함수율이 25%이고, 건조기준으로 연소성분 및 열량계를 이용한 열량은 다음과 같다. 이 폐기물의 저위 발열량(kcal/kg)을 구하라.
(단, C : 55%, H : 18%, 발열량 : 2800 kcal/kg)

6. 도시 생활쓰레기를 분류하여 다음 표와 같은 결과를 얻었다. 이 쓰레기의 함수율은?

	구성비 중량(%)	함수율(%)
연탄재	30	15
식품폐기물	50	40
종이류	20	20

7. 폐기물을 분석한 결과 수분 20%, 회분 15%, 고정탄소 25%, 가연분 40%이고, 가연분을 원소분석한 결과 수소 20%, 황 5%, 산소 25%, 탄소 50%이었다. 이 때 이 폐기물의 고위발열량(kcal/kg)은 얼마인가?

8. 도시 쓰레기 100 kg을 분쇄하여 1 g으로 원소분석기로 성분분석 결과, 탄소 : 20%, 수소 : 4%, 산소 : 10%, 유황 : 1%, 수분 : 8% 저위발열량(kcal/kg)은?

9. 다음과 같은 조성을 가진 도시폐기물의 건조중량 기준 고위발열량이 3,416 kcal/kg 이였다면 습윤중량 기준 저위발열량은?

[폐기물 조성]

- 가연분=23% (C : 11.7%, H : 1.81%, O : 8.76%, N : 0.39% 기타 : 0.34%)
- 수분=65%
- 회분=12%

10. 함수율 95% 슬러지 10 ton, 함수율 80% 음식쓰레기 30 ton을 혼합했을 때, 함수율(%)은?

11. 초기수분 30%인 1 ton 폐기물을 수분함량 10%로 건조할 때, 증발된 수분량(kg)?

12. 어느 도시의 폐기물 성분 중 안타는 성분이 중량비로 약 60% 차지하였다. 폐기물의 밀도가 400 kg/m^3인 폐기물 8 m^3가 있을 때 타는 성분 물질의 양(ton)은 얼마인가?

13. 고형분이 45%인 폐기물 10 톤을 수분함량 20%로 건조시켰다. 건조된 폐기물의 중량은?

14. 어떤 폐기물의 수분을 측정하기 위해 실험하였더니 다음과 같은 결과를 얻었다. 수분은 몇%인가?

- 시료의 무게 : 20 g
- 증발접시의 무게 : 5.425 g
- 증발접시 및 시료의 건조 후 무게 : 19.345 g

15. 다음과 같은 조성을 가진 폐기물의 수분함량(%)을 계산하시오.

조성	습윤중량 %	수분함량 %	조성	습윤중량 %	수분함량 %
유기물			무기물		
음식물류	9.0	70	유리	8.0	2
종이류	34.0	6	주석캔	6.0	3
골판지	6.0	5	알루미늄캔	0.5	2
플라스틱류	7.0	2	기타금속	3.0	3
섬유류	2.0	10	흙, 재, 기타	3.0	3
고무	0.5	2			
가죽	0.5	10			
정원쓰레기	18.5	60			
목재류	2.0	20			

정답

1. 7.5 kg	2. 40%	3. 300 kg	4. 990 kcal/kg	5. 1,921 kcal/kg
6. 28.5%	7. 5,590 kcal/kg	8. 2,541 kcal/kg	9. 707.86 kcal/kg	10. 83.75%
11. 222 kg	12. 1.28 ton	13. 5.6 톤	14. 30.4%	15. 21.2%

부록(Appendix)

A.1 기본 상수값

A.2 측정단위 및 환산인자

A.3 표준전위(Eo)

A.4 그리스문자

A.5 원소주기율표

A.1 기본 상수값

이 름	기 호	값
기체상수	R	0.08205 L·atm/K·mol 62.36 L·torr/K·mol 8.31451 J/K·mol
볼쯔만 상수	k	1.38062×10^{-23} J/K
아보가드로 수	N_{AVOG}	6.02217×10^{23} 분자/mol
기체의 몰부피		22.414 L(STP에서)
쿠울롱법칙 상수		8.99×10^{9} N·m^2/coul^2
빛의 속도	c	2.997925×10^{8} m/sec
플랭크 상수	h	6.62620×10^{-34} J·sec
전자의 전하	e	1.60210×10^{-19} coulomb 4.86298×10^{-10} esu
전자의 질량	m_e	9.10956×10^{-31} kg
양성자의 질량	m_p	5.48597×10^{-4} amu 1.67261×10^{-27} kg 1.00727 amu
리드버그상수(수소)	R_H	1.097373×10^{7} m^{-1}

A.2 측정단위 및 환산인자

1. 기본 SI단위의 명칭과 기호

물리적 양	SI단위의 명칭	SI단위의 기호
길이(length)	미터(meter)	m
질량(mass)	킬로그램(kilogram)	kg
시간(time)	초(second)	s
전류(electric current)	암페어(ampere)	A
열역학적 온도(temperature)	캘빈(Kelvin)	K
광도(luminous intensity)	칸델라(candela)	cd
몰질량(amount of substance)	몰(mole)	mol

2. 유도 SI단위에 대한 특별 SI명칭과 기호

물리적 양	단위의 명칭	단위의 기호	단위의 정의
힘	뉴우턴	N	$kg \cdot m \cdot s^{-2}$
에너지	주울	J	$kg \cdot m^2 \cdot s^{-2}$
공률	와트	W	$kg \cdot m^2 \cdot s^{-3}(=J \cdot s^{-1})$
전하	쿠울롱	C	$A \cdot s$
전위차	볼트	V	$kg \cdot m^2 \cdot s^{-3} \cdot A^{-1}(=J \cdot A^{-1} \cdot s^{-1})$
전기저항	오옴	Ω	$kg \cdot m^2 \cdot s^{-3} \cdot A^{-2}(=V \cdot A^{-1})$
전기커페시턴스	패러데이	F	$A^2 \cdot s4 \cdot kg^{-1} \cdot m^{-2}(=A \cdot s \cdot V^{-1})$
자기선속	웨버	Wb	$kg \cdot m^2 \cdot s^{-2} \cdot A^{-1}(=V \cdot s)$
인덕턴스	헨리	H	$kg \cdot m^2 \cdot s^{-2} \cdot A^{-2}(=V \cdot A^{-1} \cdot s)$
자기선속밀도	테슬라	T	$kg \cdot s^{-2} \cdot A^{-1}(=V \cdot s \cdot m^{-2})$
광선속	루우멘	lm	$cd \cdot sr$
조명	럭스	lx	$cd \cdot sr \cdot m^{-2}$
주파수	헤르츠	Hz	s^{-1}

3. 환산인자

- 1 dyne = 1 cm/s2
- 1 N(newton) = 1 kg·m/s^2 = 10^5 dyne
- 1 kg_fm = 9.8 N·m = 9.8 J
- 1 erg = 1 dyne·cm = 1 g·cm^2/s^2 = 1×10^{-7} J
- 1 J = 1 W×sec = 10^7 erg
- 1 J = 0.239 calories(=0.239 kcal), ∵ 1 kcal = 4.184 kJ
- 1 PS = 75 kg_fm/s = 735.5 W = 0.7355 kW

- 1 bar = 106 dyne/cm2 = 105 N/m2
- 1 atmosphere = 1.03 kg_f/cm^2 = 101325 Pa = 1013.3 hPa
  = 1013.3 mbar = 14.7 psi
  = 760 mmHg = 10332.3 mmH_2O = 760 torr

- 1 in = 2.54 cm, 1 ft = 12 in, 1 mile = 1.6 km
- 1 ton = 1000 kg, 1 lb = 0.45 kg,
- 1 kn(노트) = 0.5 m/s, 1 mach(마하) = 340 m/s

- $K = ℃ + 273.15$
- $°F = \left(\frac{9}{5}\times ℃\right) + 32$
- $℃ = \left(\frac{5}{9}\times °F\right) - 32$

A.3 표준전위(E°)

Half Reaction	Potential
$F_2 + 2e^- \rightleftharpoons 2F^-$	+2.87 V
$O_3 + 2H^+ + 2e^- \rightleftharpoons O_2 + H_2O$	+2.07 V
$S_2O_8^{2-} + 2e^- \rightleftharpoons 2SO_4^{2-}$	+2.05 V
$H_2O_2 + 2H+ + 2e^- \rightleftharpoons 2H_2O$	+1.78 V
$PbO_2 + 3H+ + HSO_4^- + 2e^- \rightleftharpoons PbSO_4 + 2H_2O$	+1.69 V
$Au^+ + e^- \rightleftharpoons Au$	+1.69 V
$Pb4^+ + 2e^- \rightleftharpoons Pb^{2+}$	+1.67 V
$2HClO + 2H^+ + 2e^- \rightleftharpoons Cl_2 + 2H_2O$	+1.63 V
$Ce^{4+} + e^- \rightleftharpoons Ce^{3+}$	+1.61 V
$MnO_4^- + 8H^+ + 5e^- \rightleftharpoons Mn^{2+} + 4H_2O$	+1.51 V
$Au^{3+} + 3e^- \rightleftharpoons Au$	+1.40 V
$Cl_2 + 2e^- \rightleftharpoons 2Cl^-$	+1.36 V
$Cr_2O_7^{2-} + 14H^+ + 6e^- \rightleftharpoons 2Cr^{3+} + 7H_2O$	+1.33 V
$O_2 + 4H^+ + 4e^- \rightleftharpoons 2H_2O$	+1.23 V
$MnO_2 + 4H+ + 2e^- \rightleftharpoons Mn2+ + 2H_2O$	+1.21 V
$Pt^{2+} + 2e^- \rightleftharpoons Pt$	+1.20 V
$Br_2 + 2e^- \rightleftharpoons 2Br^-$	+1.09 V
$Pd^{2+} + 2e^- \rightleftharpoons Pd$	+0.915 V
$2Hg^{2+} + 2e^- \rightleftharpoons Hg_2^{2+}$	+0.92 V
$ClO^- + H_2O + 2e^- \rightleftharpoons Cl^- + 2OH^-$	+0.89 V
$Ag^+ + e^- \rightleftharpoons Ag$	+0.80 V
$Hg_2^{2+} + 2e^- \rightleftharpoons 2Hg$	+0.79 V
$Fe^{3+} + e^- \rightleftharpoons Fe^{2+}$	+0.77 V
$MnO_4^- + 2H_2O + 3e^- \rightleftharpoons MnO_2 + 4OH^-$	+0.60 V
$I_2 + 2e^- \rightleftharpoons 2I^-$	+0.54 V
$O_2 + 2H_2O + 4e^- \rightleftharpoons 4OH^-$	+0.40 V
$Cu^{2+} + 2e^- \rightleftharpoons Cu$	+0.34 V
$Hg_2Cl_2 + 2e^- \rightleftharpoons 2Hg + 2Cl^-$	+0.27 V
$AgCl + e^- \rightleftharpoons Ag + Cl^-$	+0.22 V
$Bi^3 + e^- \rightleftharpoons Bi$	+0.20 V
$NO_3^- + H_2O + 2e^- \rightleftharpoons NO_2^- + 2OH^-$	+0.01 V
$2H^+ + 2e^- \rightleftharpoons H_2$	0.000 V

Half Reaction	Potential
$2H^{+} + 2e^{-} \rightleftharpoons H_2$	0.000 V
$Fe^{3+} + 3e^{-} \rightleftharpoons Fe$	−0.04 V
$Pb^{2+} + 2e^{-} \rightleftharpoons Pb$	−0.13 V
$Sn^{2+} + 2e^{-} \rightleftharpoons Sn$	−0.14 V
$Ni^{2+} + 2e^{-} \rightleftharpoons Ni$	−0.23 V
$V^{3} + e^{-} \rightleftharpoons V^{2}+$	−0.26 V
$Co^{2+} + 2e^{-} \rightleftharpoons CO$	−0.28 V
$In^{3+} + 3e^{-} \rightleftharpoons In$	−0.34 V
$PbSO_4 + H+ + 2e^{-} \rightleftharpoons Pb + HSO_4^{-}$	−0.36 V
$Cd^{2+} + 2e^{-} \rightleftharpoons Cd$	−0.40 V
$Cr^{3+} + e^{-} \rightleftharpoons Cr^{2+}$	−0.41 V
$Fe^{2+} + 2e^{-} \rightleftharpoons Fe$	−0.44 V
$U^{4+} + e^{-} \rightleftharpoons U^{3+}$	−0.61 V
$FeCO_3 + 2e^{-} \rightleftharpoons Fe + CO_3^{2-}$	−0.756 V
$Zn^{2+} + 2e^{-} \rightleftharpoons Zn$	−0.76 V
$2H_2O + 2e^{-} \rightleftharpoons H_2 + 2OH^{-}$	−0.83 V
$Cr^{2+} + 2e^{-} \rightleftharpoons Cr$	−0.91 V
$Mn^{2+} 2e^{-} \rightleftharpoons Mn$	−1.18 V
$V^{2+} + 2e^{-} \rightleftharpoons V$	−1.19 V
$ZnS + 2e^{-} \rightleftharpoons Zn + S^{2-}$	−1.44 V
$AI^{3+} + 3e^{-} \rightleftharpoons AI$	−1.66 V
$Mg^{2+} + 2e^{-} \rightleftharpoons Mg$	−2.36 V
$Na^{+} + e^{-} \rightleftharpoons Na$	−2.71 V
$K^{+} + e^{-} \rightleftharpoons K$	−2.92 V
$Li^{+} + e^{-} \rightleftharpoons Li$	−3.05 V

(참고 : Standard Potentials at 25℃,
http://ch301.cm.utexas.edu/data/standard-potentials.php)

A.4 그리스문자(The Greek Alphabet)

name	uppercase	lowercase	name	uppercase	lowercase
alpha	Α	α	nu	Ν	ν
beta	Β	β	xi	Ξ	ξ
gamma	Γ	γ	omicron	Ο	ο
delta	Δ	δ	pi	Π	π
epsilon	Ε	ε	rho	Ρ	ρ
zeta	Ζ	ζ	sigma	Σ	σ
eta	Η	η	tau	Τ	τ
theta	Θ	θ	upsilon	Υ	υ
iota	Ι	ι	phi	Φ	φ
kappa	Κ	κ	chi	Χ	χ
lambda	Λ	λ	psi	Ψ	ψ
mu	Μ	μ	omega	Ω	ω

A.5 원소주기율표

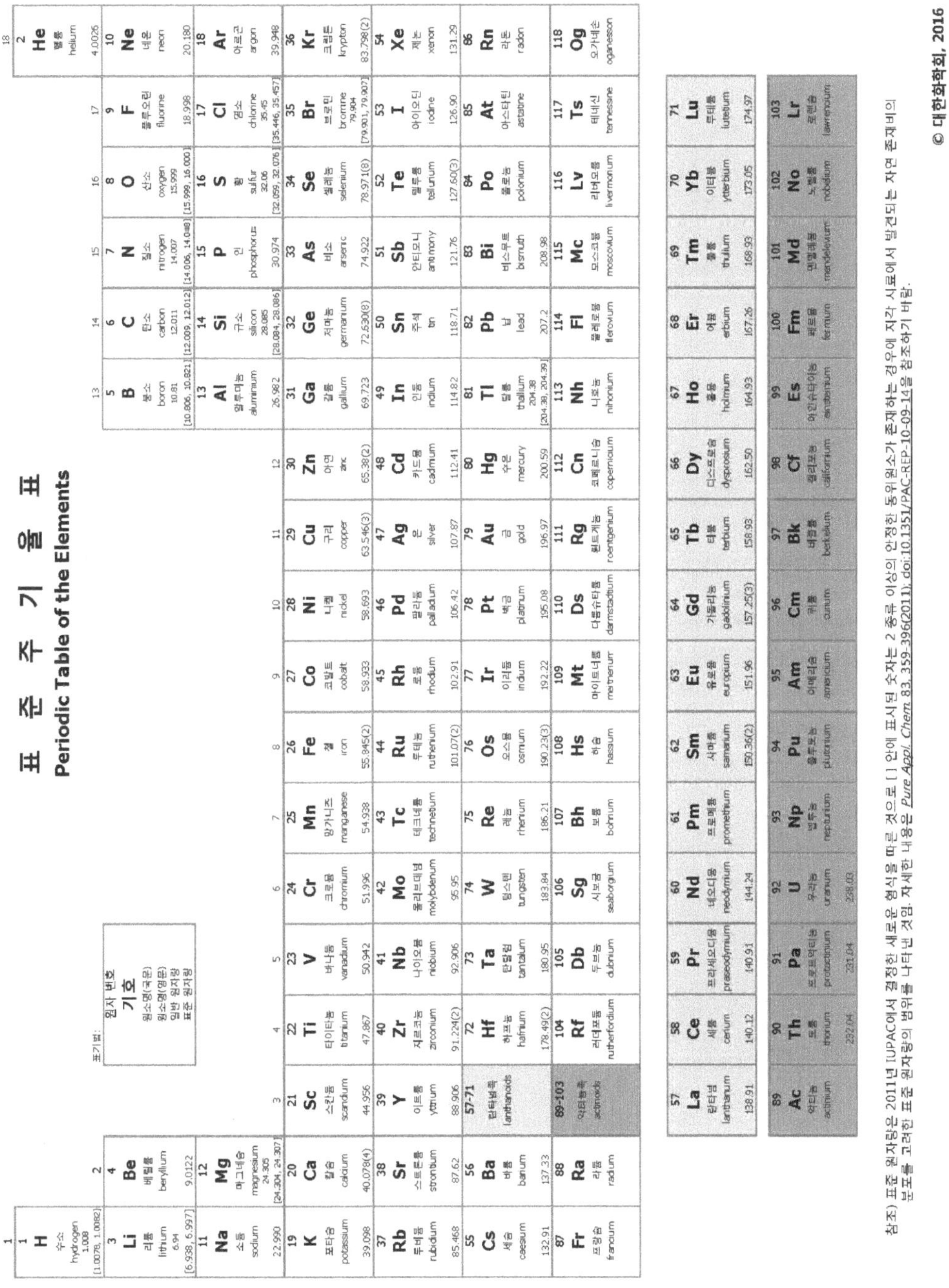

출처 : 대한화학회, 2016

환경공학 실험실습

2019년 8월 5일 초판 인쇄

2019년 8월 12일 인쇄 발행

저 자 고재철

발 행 인 송기수

발 행 처 도서출판 GS인터비전

편 집 처 도서출판 GS인터비전

인 쇄 처 대명프린팅

등 록 번 호 제 25100-2016-000050호

I S B N 979-11-5576-299-8(93530)

주 소 서울 은평구 증산로 15길 69 2층

전 화 02-976-7898, 02-3272-7898.

팩 스 02-6468-7898

홈 페 이 지 gsintervision.co.kr

E-Mail gsinter7@gmail.com

정 가 20,000원